マインドコントロールX

国防の真実

池田整治 Seiji Ikeda

MIND CONTROL X

ビジネス社

プロローグ

昭和47年（1972年）10月29日。東京神宮外苑。

『安保はんた〜〜い!!』

『自衛隊・け・ん・ぽ・う・いは〜〜ん!!』

デモ隊の大拡声器の叫び声がこだまするなか……。

タ・タ・タ・タ・タ〜ン、タ・タ・タ・タ・タン、タタ〜タ、タタタ、タタタタン

我は官軍　我が敵は　天地　容れざる　朝敵ぞ

行進曲「抜刀隊」が流れるなか、そのリズムに足を合わせて、彼らは横一線に隊列を整えることに意識を集中する。

彼らが中央観閲台に近づくと、さらに……。

『自衛隊・は・ん・た〜い！』『安保・は・ん・た〜い！』

の声が大きくなる。
これに式典のアナウンサーの声が不協和音のごとく共鳴する……。
「ただいまの行進は、陸上自衛隊少年工科学校生徒隊、指揮官○○生徒です」

タタタ、タタタ〜ン、タタ〜ンタタン、タタタタン
敵の　大将たる者は　古今無双の英雄で

指揮官の「かしら〜〜右!」の声が、デモ隊の声にかき消されて聞こえない。喧噪《けんそう》の中、指揮官の真後ろに続く隊旗の動きだけを頼りに、彼らは訓練どおり「以心伝心」で顔を一斉に右に向ける。

無事行進を終えて、待機しているバスの近くまで進むと、木陰の下で若者たちがフォークソングを歌っている。ここでも自衛隊に反対する、いわゆる反戦グループがわれわれ自体の存在に抗議している……。

戦争が終わって　僕等は生れた〜　戦争を知らずに　僕等は育った〜

「なんでここまで俺たち自衛隊を嫌うんだろう?」

16歳の少年自衛官は、哀しさと社会からの疎外感だけを感じていた。

「防大に入って、大学卒の資格とったら、自衛隊やめて郷里に帰ろう……」

……。

……。

あれから40年……。

平成23年、退官してはじめての夏。

女性週刊誌の結婚特集で、「結婚したい人気職業ナンバー1」になんと自衛官が選ばれた。5組の幸せそうな若い自衛官のカップルの写真が冒頭のグラビアを飾っている。時代が変わったのか……。

もちろん、3・11フクシマでの自衛隊の活躍を反映した結果だが、思わず「俺たちもこういう時代に自衛官したかったなあ……」

去りゆく老兵が心でつぶやいた……。

はじめに

～なぜ自衛隊はかくも誤解されているのか～

自衛隊の中央観閲式典も、かつては世界中にある普通の国家のようにこれを国民行事とするべく東京の神宮外苑で行われていた。それが反対勢力の声に圧倒され、いつの間にか自衛隊朝霞駐屯地内に封じ込まれてしまった。

もちろん、国家予算上は、自衛隊の「広報事業」なので、駐屯地内で行なってもなんらおかしくはない。しかし、それは縦割り行政のなかでの防衛省事業の視点でしかない。

そもそも「国が行なう」自衛隊パレードという観点がない。いや、そういう発想自体が戦後の日本では封じられてきている。ここでも本来なら「軍事パレード」というところだが、日本では「軍事」という言葉自体が今なおタブーである。

ちなみに自衛官の階級呼称も世界一般の、たとえば「少尉」などではなく「3尉」。「兵」種も「職」種、「歩兵」も「普通科」である。ただし、それらは英語に訳すと同じ言葉になる。つまり日本的「ごまかし」で決められている。

日本以外の国なら年1度の軍事パレードは、その国の国威発揚の儀式であると同時に、

自衛隊の階級

共通呼称			GSDF 陸上自衛隊	MSDF 海上自衛隊	ASDF 航空自衛隊
幹部	将官	幕僚長（大将）	陸上幕僚長	海上幕僚長	航空幕僚長
		将（中将）	陸将	海将	空将
		将補（少将）	陸将補	海将補	空将補
	佐官	1佐（大佐）	1等陸佐	1等海佐	1等空佐
		2佐（中佐）	2等陸佐	2等海佐	2等空佐
		3佐（少佐）	3等陸佐	3等海佐	3等空佐
	尉官	1尉（大尉）	1等陸尉	1等海尉	1等空尉
		2尉（中尉）	2等陸尉	2等海尉	2等空尉
		3尉（少尉）	3等陸尉	3等海尉	3等空尉
准尉		准尉（准尉）	准陸尉	准海尉	准空尉
曹士	曹	曹長（上級曹長）	陸曹長	海曹長	空曹長
		1曹（曹長）	1等陸曹	1等海曹	1等空曹
		2曹（軍曹）	2等陸曹	2等海曹	2等空曹
		3曹（伍長）	3等陸曹	3等海曹	3等空曹
	士	士長（上等兵）	陸士長	海士長	空士長
		1士（1等兵）	1等陸士	1等海士	1等空士
		2士（2等兵）	2等陸士	2等海士	2等空士
		3士（—）	3等陸士	3等海士	3等空士

（『そのとき自衛隊は戦えるか』（井上和彦著／扶桑社）より転用）

万全の防衛体制を誇示することで侵略を未然に防止する意味もある。

たとえば、ならず者国家と米国に敵視されている北朝鮮も、その軍事パレードで核弾頭装備可能のミサイルを見せつけることにより、米国からの「先制自衛」を封じている。

日本でも、PKOにおいてイラクに派遣された自衛隊が、たとえば駐車場の車を整頓する際などにもつねに横一線に整然と並ぶ姿を見せることにより、自衛隊の厳正な規律心、強固な団結心、高い士気を見る者に想起させた。それにより、邪《よこしま》な者たちによる自衛隊に対する無用なテロ行為を未然に防いだのである。

ちなみに、一般の方が駐屯地に入る際、警衛所の前を通るときに怖い印象を持つとよく聞く。しかし恐い印象を持たれることは自衛隊にとって正解なのである。

その駐屯地の部隊状況は、はじめて接する警衛隊を見ればわかると言われている。彼らは通常の「教育訓練」を受けているのではなく、厳正な有事即応の「実任務」を遂行中なのである。自衛隊を次回訪れる場合は、その観点で見るといいだろう。

もし、自衛隊の「国を守る」任務が世界に正しく理解され、海岸線の領土保全権に基づく「海岸線警戒の実任務」が陸上自衛隊にふだんから付与されていたとしたら、状況は180度変わってくる。そういうなかで国民行事として自衛隊中央観閲式がつねに神宮外苑で行われていたならば、はたして北朝鮮コマンドが日本の海岸から日本人を拉致《らち》するということができただろうか？

要するに、パレードひとつとっても、自衛隊（軍）を考える場合には、「歴史」と「世界」をつねに考慮する必要がある。これについては、本書で詳しく述べたい。

そもそも警察予備隊創設以来、自衛隊は主要メディアにとっては鬼子《おにご》的存在で、つねに「存在そのものを否定」されてきた。

情報化時代においては、新聞とTVによるメディア情報によって世論が形成される。世論があってこれを客観的に報道するのではない。実際はその真逆。メディアを通じた世論醸成＝マインドコントロール。この「認識」がきわめて重要である。

一例を挙げよう。3・11フクシマ原発事故により、すべての原発は基本30年で廃棄しなければならず、安全対策、補償も含め膨大な経費が必要なことが明確にわかった。にもかかわらず、報道番組などでは、いまだ発電単価で現状では原発がもっとも安いという欺騙《ぎへん》（だまし）報道を行なっている。

日本の主要メディアは、政府がお抱えの記者クラブで配る情報資料を、メディア側で何らチェックすることなく垂れ流しているにすぎない。そこには、ジャーナリズムの片鱗《へんりん》もない。

3・11以降もこの国のマインドコントロール体制は何も変わっていないのだ。これはきわめて大きな問題であり、日本の未来に暗雲を投げかけている。

話を自衛隊問題にもどすと、国家存立の基本である「国を守る」という任務を遂行しているにもかかわらず、日本では教科書でもまともに取り上げられたことがない。

メディアによる世論形成においては、自衛隊＝日の丸＝右翼というイメージが流布され、国民の大多数もマインドコントロールを受けてきたわけである。

私は、約40年前に愛媛の最南端の旧一本松町からはじめて少年自衛官（中学校卒業者を対象とした自衛官任用制度およびその通称）として入校したが、このように自衛隊が意図的におとしめられているような日本で15歳の少年が国家防衛の志に燃えて入隊するはずもない。

当時、野球少年だった私は、野球で夢敗れ、かつ田舎の農家の次男であったことから経済的な理由も重なり、「どちらかというと社会に役立つ仕事をしながらタダで勉強できる」という感覚で自衛隊を選んだにすぎない。

そのころ、7つ上の兄が空挺団に入隊したこともあり、父は自衛官募集相談員をしていた。だからちょくちょく宇和島募集事務所の担当自衛官が訪ねてきていた。そのときに応対した父の言葉が、当時、自衛隊を取り巻いていた環境を端的に教えてくれたものとして今でも耳奥に残っている。

「こう景気がいいと、中学出もほとんど就職できているので、学校にも行かず、仕事にもついてないブラブラしているのは、○○さんとこの○○君しかいないなぁ」

もちろんこれは、2年任期制隊員の募集最前線における最後のノルマ達成のための苦境を反映しての言葉であるが、一般的に自衛隊が当時どのようなイメージを持たれていたのかよく理解できるであろう。

私自身、武山駐屯地に所在する少年工科学校で15歳から17歳までの多感な少年期を過ごし、週末ごとに反戦デモが繰り返されるなか、外出時に「税金泥棒」などの誹謗《ひぼう》中傷を浴びるなど、まさに逆境の人生だったと思う。

人間、「お前はこの世でいらん子」などの言葉で、「存在そのもの」を否定されるほどの逆境はないであろう。

私が防衛大を目指したのも、合法的に自衛隊を脱出するために大学卒の資格を取りたかったがゆえであった。

日本における自衛隊生活の逆境を物語るエピソードをひとつ挙げよう。たとえば一般社会のさまざまな勉強会や会合に出席するとき、その申し込み用紙の職業欄に、間違っても

「自衛官」と書けず、「公務員」としか書けなかったことがある。たぶん、ほとんどのこれまでの自衛官はそうではなかったかと思う。

自衛官というだけで、学術団体に入会を拒絶されたり、沖縄などでは住民登録を断られるという人権被害も受けてきたのである。

しかし、3・11フクシマ以降は、堂々と「自衛官」と名乗り、書けるだろう。

逆境にこそ、真に強くて美しい華が咲くという。これは、まさしく自衛隊のための言葉と言ってもいいだろう。

麦踏みをご存じだろうか。冬の寒いときに、麦の新芽を文字どおり何度も踏みつけるのである。踏みつけられた麦は、逞《たくま》しく生長し、やがて黄金色の豊かな実をもたらしてくれる。

まさに、自衛隊こそ、麦踏み後にもたらされた「この国最後の豊かな実」そのものだと思う。

間違いなく、3・11フクシマでは、ほとんどの国民が「この国に自衛隊がいてくれてよかった」と思ったはずである。

ただ、麦踏みと自衛隊ではまったく違うことがある。

麦踏みは、踏みつけるほうも、その麦がやがて豊かに実がなるとわかっているから麦に期待と愛情を持って行なうのである。

ところがこれまで自衛隊を踏みつけてきた者たちは、文字どおり自衛隊の否定者たちである。

もちろん、自衛隊が災害派遣などで人命救助する場合、被災者が親自衛隊か反自衛隊かなどまったく関係ない。そんな信条などの人間レベルを超え、その「被災者のために」全身全霊、命を賭《と》して「誠」を尽くす。至誠の神域。真の武士道精神。この一言である。

だから自衛官はフクシマにおける原発初動対処においても、さらにこれからもほぼ永久に続くであろう放射能汚染除去作業にも平然と立ち向かえるのである。

「この日本で、われわれの後ろには、もう代行するものはだれもいない」

一人一人の自衛官がそのことをいちばん認識している。

3・11フクシマに限らず、自衛隊が行動した地域では、つねに現地に感動と感謝の声を残してきた。それは、身の危険をかえりみず、つまり己の命さえ捨てる犠牲的精神に裏づけられた、その被災者方のために尽くす「誠心誠意」の活動のゆえにである。

その「誠の心」こそ、縄文時代から受け継がれてきた自然との一体感と、人情溢《あふ》れる江戸社会のなかで結実した武士道精神そのものの発揚なのである。

なぜか不思議にも自衛隊に真の武士道精神が宿っていた。

明治維新でその半分が否定され、戦後のGHQ政策で残り半分も消され、完全にこの世からなくなっていたと思われていた「ヤマトごころ＝武士道精神」が、自衛隊に蘇《よみがえ》っていた。これこそ、現代史最大の奇跡であり、これからの激動期に灯《とも》された燭光《しょっこう》でもある。

本書では、この歴史的意義も詳しく述べてみたい。


自衛隊に入ると人が見違えるように変わり成長する。

集団生活による教育効果も大きいだろう。多種多様な異質の人格との接触が自己を目覚めさせる。また、自衛隊の集団生活では嘘《うそ》は通用しない。全人格が切磋《せっさ》琢磨《たくま》・陶冶《とうや》される。そしてそのなかで、素晴らしい先輩たちに憧れることから人間的成長の途を歩み始める。しかも、それが組織文化として永久に息づいている。

私自身、少年工科学校入校以来40年以上の自衛隊生活のなかで、さまざまな素晴らしい先輩、同僚、後輩との出会いがあり、そのおかげで成長させていただいた。

特に、自衛官の生き様を見せてくれた体験談を紹介したい。

1964年、東京オリンピックの開会式で、航空自衛隊のF86ジェット機5機が東京の青空にみごとな五輪の輪を描いて見る者を感動させた。私は防大生のときに、その隊長であり防大1期生のパイロットでもある先輩と会食の機会を持ち、彼らの秘話を知った。

彼らが輪を描く下は大都市東京である。当時のジェット機F86は朝鮮戦争でも使われていた古いもので、万一故障すればコントロールの利く滑空距離がきわめて短い。非常事態が生じたときに地上被害を避けることのできる太平洋まで飛ぶことはできない。

そこで彼らは「血判書」に血印を押して任務遂行にあたった。

その血判書は、「万一のときは、江戸川の河川敷に突入する」というものである。

つまり、彼らはあらかじめ墜落、炎上しても被害のおよばない広さの河川敷を選定して、故障してもパラシュートで緊急脱出することなく、その河川敷めがけて「自爆」することを誓ったのである。まさに、そういう死を前提とした決意のもとで、感動的な5色の輪が東京の秋の青空に描かれていたわけである。

その後、私は同期の友人パイロットを事故で失った。

一人は、基地に帰る途中でジェット機が故障し、郊外の家屋に被害をおよぼさない田園に向けて最後の最後まで必死で操縦桿《かん》を握った。そして、その田園に激突する直前にパラシュートで緊急脱出したものの、落下傘が開くには高度が低すぎ、そのまま地面に激突して殉職した。墜落の途中でジェット機が高圧電線を切ってしまい、周辺の数万戸が停電した。新聞の記事では「自衛隊機高圧電線切る、数万戸停電」の見出しが載り、パイロットが文字どおり命を賭して惨事を防いだことは一言も報道されなかった。

もう一人は、故障した愛機を、太平洋上まで引っ張り、同じく惨事を防いだものの殉職。遺体も収容できず、遺品は彼の被っていたヘルメットだけであった。

遺体のない葬式では、父の死を理解できない小さな遺児がお母さんの膝《ひざ》の上で笑顔を振りまき、参列者の涙を誘っていた。

実は、日本では他の国の軍人にある特別な補償制度や恩給制度が完備していない。万一のときも、他の公務員と同じように、共済などの団体保険の保険金を、家族のための生活費として残すようにしているだけなのだ。

だから同期で彼の遺児のために銀行口座をつくり、できる範囲で支援するようにした。

しかし、それぞれが家族を持ち子どもを養うようになると義捐金《ぎえんきん》は出せなくなってしまった……。

当時私は防大の小隊指導官をしており、殉職者顕彰室も担当していた。唯一身につけていた遺品である傷ついたヘルメットを受け取ったときに、彼らの気持ちが痛いほどわかった。

彼らは、万一のときは、身の危険をかえりみず、国民の命を守ることを、身をもって示したのである。このときから、現実問題として、そういうときに自分に同じことができるだろうか、を問うようになった。

たぶん、他の自衛官も同様の問いかけを日々自分にしていると思う。

その答えが、これまでの自衛隊創設以来のさまざまな活動であり、国民から得た信頼ではないだろうか。

目次

第2章 タブーありきの現代ニッポンを変える

～歴史から見る自衛隊～

第3章
マインドコントロールを解く真実とは
～素顔の自衛隊員たちを見よ～

第4章
いかに自衛隊は不当に扱われてきたか
～反自衛隊感情に支配された人々～

第5章

個人の意志が集団意識を変える、運命を変える

~サバイバル時代の自衛隊の役割~

おわりに

写真提供/時事通信社・陸上自衛隊HPより引用

第1章

大本営発表に騙されてはならない

～大地震、津波、原発事故、そして自衛隊～

救援活動の過酷な実状

平成23年3月11日午後2時46分、三陸沖を震源とする国内観測史上最大のマグニチュード9・0の巨大地震が発生した。被災域は東北地方から関東地方にかけての太平洋沖の東西の幅約200キロメートル、南北の長さ約500キロメートルの広範囲にわたった。実に、阪神・淡路大震災（1995年）の約1450倍のエネルギーの地震であった。また本震後の短時間のあいだに、本震の震源域付近でM6〜7以上の複数の余震・誘発地震が発生した。

この地震によって大規模な津波が発生し、最大で海岸から6キロ内陸まで浸水。岩手県三陸南部、宮城県、福島県浜通り北部では津波の高さが8〜9メートルに達し、最大溯《そ》上《じょう》高40・5メートル（岩手県宮古市）を記録した。このため、震源域に近い東北地方の太平洋岸では、この津波により甚大な被害を被った。

また、岩手県から千葉県にかけて震度6弱以上を観測する余震が広範囲で起こり、関東地方の埋め立て地でも大規模な液状化被害が発生した。

特に、東北の岩手県、宮城県、福島県の3県、関東の茨城県、千葉県の2県を中心とした津波、液状化、建造物倒壊などによる被害は甚大であった。さらにこの地震による死者・行方不明者計約2万人の大半は東北の3県が占めた。

また、発電施設の被害による大規模停電や一連の震災により、日本全国および世界経済に多大な影響を与えた。

一方、地震により福島第一原子力発電所がメルトダウンを起こし、放射性物質が広範囲に飛散、汚染がもたらされ、日本の未来に大きな暗雲が立ち込めている。

自衛隊は、地震発生直後の14時50分に防衛省災害対策本部を設置するとともに、航空機による情報収集を開始。15時30分には、第1回防衛省災害対策本部会議を開き、18時には「大規模震災災害派遣」を、19時30分には「原子力災害派遣」をそれぞれ防衛大臣から自衛隊の部隊に命じている。

これを受けて、自衛隊は発生当日から約8400名を動員して活動を行なった。この際、現地の陸自多賀城駐屯地や空自松島基地なども自ら被災した。しかし、航空機や車両が水没して被害を受けるなかでも、可能な限りの人員、装備でボートを活用する人命救助など迅速な初動対処を行なっている。

大規模震災に対応するため、3月14日には陸自の東北方面総監の君塚栄治陸将（現・陸上幕僚長）の指揮下に、海自の横須賀地方総監および空自の航空総隊司令官を入れた「統合任務部隊」を編成し、陸・海・空自の部隊の統合運用を開始した。

本来ならば、これと並行して大規模震災基本法に基づき、「政府現地対策本部」が仙台に設置されなければならないのであるが、なぜか今回は設置されなかった。まるで国（政府）は、東北の被災地を見捨てたとしか思えない。原発事業を継続するために、「真実」を国民に知らせたくなかったのだと私は判断している。

そうでなくとも、国が行なうべき迅速な国民の命と財産の保護を、すべておんぶにだっこで自衛隊任せにしたのである。

もちろん、警察や消防などの関係機関、地方自治体、ボランティアなどあらゆる組織、人が必死の救助活動を行なった。

しかしながら国家レベルの観点から見れば、「統合任務部隊司令部」とその指揮下の自衛隊のみが、行政機能を喪失した後の広範囲の被災地で、組織として国家の代わりに誠実に命を賭して被災者のために活動したわけである。

一方、原子力災害派遣においては、陸自の中央特殊武器防護隊を中核として、海・空の要員を含めた約500名が活動し、文字どおり放射能からの身の危険をかえりみず、最悪のシナリオを阻止した。

また、年間30日の出頭訓練が義務づけられている即応予備自衛官が、訓練以外ではほじめて招集されて被災者支援を行なった。私は即応連隊の連隊長だったが、他の人が休暇のときにわざわざ訓練にくる彼らとつぶさに接し、その「志」の高さに感動していた。救急病院勤務の衛生科隊員のように、技術的には常備隊員より上の者もいる。きっとほとんどの即応予備自衛官が、さらに第一線で活動したかったものと推測している。

いずれにせよ、このように自衛隊は東日本大震災と福島原発事故に総力を挙げて対処したわけである。

自衛隊の派遣規模は、「10万人態勢」という総理指示に基づき、3月13日5万人、18日に10万人を超える態勢となった。最大時では、即応予備自衛官および予備自衛官も含めた、人員約10万7000名、航空機約540機、艦艇約60隻の態勢となった。ちなみに、これまでの最大規模は、阪神・淡路大震災の2万6000人であり、いかに総力を挙げた活動であったかがわかる。

自衛官も人間であり、適宜の休養がないと活動は続かない。できうれば、「任務」「休養」「準備」のローテーション、少なくとも「任務」「休養」の2交代制が必要である。私は作戦幕僚のときに阪神・淡路大震災や有珠山《うすざん》噴火災害派遣で現地に行ったが、1週間のローテーションで現地勤務と本部勤務を交代した。現地では風呂はもちろん、下着も着替えず着の身着のままで、床で仮眠の毎日であり、体力的に1週間が限度と感じていた。

しかも災害派遣の主体である陸自総員約14万5000人も、全員が現地で人命救助などにあたれるわけではない。部隊でも第一線で活動するのは、普通科（歩兵）を主体とする特科（砲兵）、機甲（戦車）、施設（工兵）、高射特科（対空）であり、これを通信や武器等の技術部隊や補給、衛生などの兵站《へいたん》部隊が支援して機能的に独立して行動できるようになっている。さらに自衛隊という機能を維持するための行政機関もあれば、教育機関もある。もちろん、防衛行動の「実任務部隊」もあり、災害派遣には出るわけにいかない。

今回、10万人態勢という総理指示のために、陸自は半数の7万人以上を投じている。それがどれほどの無理強いだったか、私にはかつての部下の状況をかんがみればよくわかる。彼らは、被災地で53日間連続勤務し、数日間部隊に戻って車両整備し、また現地に赴いた。

国家予算が苦しくなると、陸自の人件費が狙《ねら》われ、このような有事にいちばん力を発揮する第一線の部隊の「頭数《あたまかず》」が削られてきた。もともと陸自は18万人態勢であったのだ。これに予備の7人万を足して25万、それでようやく、有事に備えられると考えられていた。

これから自然災害のみならず、世界情勢的にも波瀾万丈《はらんばんじょう》の時代を迎えることを思えば、唯一自分たちを守ってくれる自衛隊に何を期待するのか。国を守るためにはどれだけの実員とすべきなのか、国民レベルで考えるときと思われる。

ここで10万人態勢を実質的に支えた駐屯地機能、なかでも業務隊の活動を述べたい。災害派遣でまず問題となるのは、派遣部隊の展開地である。そもそも自衛隊は、物品調達、修理から食事、風呂、補給、宿営など、完全に自己完結型である。これが他のレスキュー部隊との根本的な違いでもある。かつて一緒に活動した他の機関では、コンビニから4キロ以内でないと「補給」（食事）が続かず、活動できなかった。

ただし、自衛隊も自己完結型の衣食住の基盤がなければ持続的な活動は不可能である。しかも、派遣部隊は、全国からはじめて被災地域にやってくる。阪神・淡路大震災のときのように、あらかじめ図上で予定していた展開地域の公園が被災者の避難所となって展開できなかった事例もある。

今回のような大規模派遣の場合、部隊の宿泊などの受け入れや、不足した食糧、被服、装備類の緊急かつ大量調達を含む大規模な後方支援業務は、ふだんからその業務を専門としている駐屯地業務隊でないと遂行が不可能である。その業務隊では「効率化」という名目のもと、予算と人員を削減され、限られた「事務官」たちが獅子奮迅《ししふんじん》の連続勤務で期待に応えている。

私も小平学校勤務時代に、事務官、技官らを教育したが、若い女性事務官でも幹部自衛官に優るとも劣らないプロ意識で徹夜の課題作業を行なう姿に、幾度となく感動したことがある。彼女たちなら第一線の自衛官の苦労を自らのものと捉えて、彼らのために、事務官の勤務時間体系にはない「24時間態勢」で誠実に活動してくれると信じていたが、実際にもそれ以上の働きを示してくれた。

とかく予算上の制約のために、駐屯地を統廃合したり、事務官たちを大幅に削減してきたが、このあたりで今一度見直すときではないだろうか。

特に後方業務・兵站《へいたん》機能というのは、被災地での活動の基盤付与だけではない。網の目のような全国規模のネット網が生きていて、はじめて実働部隊が行動できるのである。今からでも遅くない。考えられる事態に対して、国としてその基盤整備を行なっているか、再度確認・整備しておかなければならない。それがふだんあまり使われない僻地《へきち》の小さな演習場であっても、いざというときには、貴重な行動基盤になるのだ。

自衛隊の災害派遣は、①人命救助および行方不明者の捜索、②生活支援活動、③復旧支援の3段階を経て終了する。

まず、「人命救助および行方不明者の捜索」の実情を、現場からの隊員の声も含め伝えたい。

災害派遣では、現地の自衛隊部隊も隊員も被害者である。阪神・淡路大震災では、出動

がれきのなかをかきわけて懸命の捜索をする自衛官

した27名の隊員の家族がどこに避難しているのかわからなかった。地震発生が朝5時17分だったので、彼らは倒れたタンスのなかから戦闘服を取り出して着替え、家族に「あとは頼んだぞ!」といい聞かせ、自主的に部隊に向かった。自衛官の場合、後顧の憂いを断つのが、妻の役目である。

東日本大震災の場合は、発生が午後2時46分。200名を越える隊員が朝、家族と別れたあと連絡がつかず、家族の状況がまったくわからないまま、人命救助活動に赴いた。なかには、部隊を率いて自分の家の前を通った中隊長もいる。そこに在るべき自宅が津波で流されて跡形もない。あとは、妻が家族を連れて避難してくれたものと信じるほかない。数週間の救助活動後の2日間の休暇で、家族を訪ねるも避難所にはいない。やっとのことで遺体となった家族を見つけるも任務があり葬儀もできない。やむなく奥さんの家族に遺体をとりあえず引き取ってもらい、彼はふたたび任務である人命救助および遺体捜索に復帰した。

家屋を喪失したり、家族が亡くなったり、被害を受けた隊員は相当な数に上るだろう。それにもかかわらず、彼らは黙々と任務をこなしていった。東北の隊員はねばり強いと自衛隊のなかでも定評がある。

私も、2回ほど現地に講演で行ったが、私は東北人のなかに、本来の日本人の姿を見た。まさに自然と共生し、「和をもって貴し」の人間的文化が継承されていると感じた。だからこそ、世界の人々も、哀しみのなかで人間的な助け合い、譲り合い精神を発揮している東北に感動しているのだろう。彼らこそまさに人情溢れる江戸市民社会の、そしてヤマトから続く共生社会の継承者である。

ちなみに、これらの初期救助活動のおかげで、自衛隊は、全救助者の約7割に当たる約1万9000名の被災者を救助した。

地震発生から日を経るにしたがって、自衛隊の活動は、人命救助から行方不明者の捜索活動に切り替わる。

被災地の多くは瓦礫《がれき》や泥などにより車両や重機の進入が難しく、また余震の二次被害も

泥沼の中を手探りで行方不明者の捜索にあたる

予期された。阪神・淡路大震災のときも、高度な機材を持つ他機関レスキューなどが、崩れたビルのなかに入れないなか、自衛隊は分隊長がスコップで穴をつくって腹這《ば》いで突入、分隊員がこれに続き、数珠繋《じゅずつな》ぎになって救出活動にあたったこともある。福島の場合、さらに目に見えない放射能の内部被曝《ひばく》もある。

いずれにせよ機械作業で行方不明者を傷つけるわけにはいかない。倒壊した家屋などの瓦礫を慎重に手作業で除去するしかない。これが復旧作業との根本的な違いでマンパワーに頼らざるをえないゆえんでもある。

冠水した地域では渡河ボートを活用するとともに、水深の浅いところでは、隊員が水に浸かりながら手探りで行方不明者を捜索した。

また自治体からの要請に基づき、遺体の埋葬場所への搬送支援や、遺体安置所における受付などの業務支援も行なった。

私の空手道仲間である自衛隊中央病院の第1歯科部長である片山幸太郎陸将補も、入隊以来はじめて、歯形による遺体確認支援で現地に派遣されている。

そのような活動のなかで、自衛隊らしいエピソードもある。

捜索活動は、地域を区分して中隊などの単位で行なわれる場合がある。ある水没地域を担当した中隊地区では、幼稚園児が最後まで見つからなかった。遺体はやがて体内にガスを発生させるため、いったん水面に浮き、また沈む。海に流されている可能性が高い。遺体捜索に経験豊富な警察官からは、これ以上捜索しても無駄という意見も中隊長は聞いていた。しかし、彼はそれでも捜索活動を続行させた。中隊員もオヤジ（中隊長）の気持ちがよくわかる。実は、その子どものお母さんがじっと自衛隊の捜索活動を一縷《いちる》の望みをかけて毎日見つめていたのである。

最後に水のなかの泥からその子が宝物にしていたウルトラマンのおもちゃが見つかった。お母さんは「ありがとうございます。これで息子が帰ってきました」と深々と頭を下げて去っていった……。中隊長も隊員たちもともに涙を流して、お母さんを敬礼で見送った。

私はこの涙がわかる人こそ、日本人だと信じる。

高潔な心情を伝える手紙

ここで、現地に派遣された自衛官がどのような思いで活動していたのか、生の声を紹介したい。かつての私の部下たちである。

「自分たちは朝、現地へ行き、壊滅した町を見て現実に戻ることがつらい日々です。自分たちが引き上げた遺体を収容所で家族が見てどうしているのか？

現実に直面し望みが消えて悲しんでいるのだろう……。

先の震災（筆者注：阪神・淡路大震災）のときのように、自衛隊が助けてくれなかったと反対派に煽動《せんどう》された市民に罵声《ばせい》をとばされている同僚がいるのだろう、と皆心配していました。

しかし先日、遺族の方が捜索中に、『収容所でおじいちゃんの遺体を確認できました。ありがとうございました』とお礼を伝えに来てくれました。

皆涙をこらえて一緒に来ていた子どもに手持ちのお菓子をあげていました。

そして、現地までの道中で寒い日も雪の日も手を振って頭を下げ、応援してくれるおじいさんがいます。

『自衛隊さん、頑張れ！』と手づくりの看板を持って応援してくれる子どもたちがいます。日が暮れるときに集合して、指示を聞いているときに、

『自分の身内がまだ見つかっていません、隊員さん、どうかよろしくお願いします』と泣き崩れる男性。

自分たちは涙を拭きながらこの人たちのために、と毎日決意して頑張っています。被災者からの温かい言葉に助けられます」

さらに数日後の便り。

「昨日、いつも手を振って応援してくれるおじいさんに、売店で買った耳あてとネックウォーマーを渡しました。

『おじいさん、これ……』とスピードを落としてなんとか渡しました（筆者注：彼はジープのドライバーです）。

今日いつもの場所で自分たちと同じ迷彩の耳あてとネックウォーマーをしたおじいさんが手を振っていました。おじいさんの気持ちと一緒に任務を行なってきます。

今日は悠整（筆者注：彼の息子さんです）の保育園の入園式です。自分の通った保育園と同じ保育園へ通うことにとても喜びを感じます。

初の園服姿を見て『おめでとう』と言ってあげたかったのですが、メールで伝えることになりました。

隊員の家族は自分の旦那や親、そして子どもが災害派遣に行くことに不安や心配、さみしさを抱くと思います。そういう思いをこらえて隊員を送り出してくれていることが隊員の家族が行なっている被災者への支援だと思います。

そんな支援のなか、立派に入園式を迎えさせてくれた、家内、靖斗、両親、そして悠整本人に感謝します」

さらに被災1カ月後に届いた隊員からの便りである。隊員たちの人間性の高さ、「やさしさ」「思いやり」がうかがえる。彼らは部隊の中核の陸曹（下士官）である。

いわゆる部隊では、規律と精強さの象徴である「鬼軍曹」なのだ。

「今日も現地へ向かう車両で準備完了し、出発を待ってます。

最近はたまに加給食が配られるようになりました。

自分はそのお菓子や飴をためて、アルバムなどを捜しに来る子どもに渡しています。

自分がいる分隊にも浸透して、お菓子をためる小さな段ボール箱がだんだん大きくなりました。

任務中の自分たちのもとへ子どもたちが来て、『ありがとうございます、頑張ってください』と励まされるようになりました。

思わず『うん、ありがとう』と涙が出ます。

栄養ドリンクは、絡みついた鉄骨等をご遺体が傷つかないように1本1本丁寧に剝《は》がす重機支援で来てくれている地元のおじさんへプレゼントしています」

「メディアでは遺体が腐敗して臭いが強くなり、男女の区別が困難などと言っていますが、そんなことはありません（筆者注：政府現地対策本部もなく、主要メディアの記者は現地取材には行っていない。東京で聞きかじった風評を記事にしていると思われる）。

臭いは、瓦礫の山や泥の中を捜索している自分たちに『私はここだよ、早く見つけて』と知らせてくれているんだと思います。

髪、指輪、爪、着衣があるならば服、そして髭《ひげ》などが、この人は綺麗《きれい》な女性だね、この人は仕事熱心な男性だね、と自分たちに教えてくれます。

ご遺体に触れるときに雨が降っていたり、風が止んだりして、埃《ほこり》や砂や血液などを被らないときは、『あの人は優しい人だったんですね、瓦礫の下で1カ月も待っていたのに、自分たちに気を使ってくれてましたね』と運び出した後に涙を流す同僚。

皆ひとつになって頑張っています」

さらに、現代のサムライと言える隊員たちの「強さに裏づけられたやさしさ」を教えてくれるひとつのエピソードを紹介したい。

派遣終了後、彼の勤務する駐屯地のある北陸のお寺では、遠くフクシマから避難してきた子どもたちが生活している。住職からも信頼を得ている彼に、子どもたちの心を癒すため、彼の得意の三線《さんしん》でボランティア活動をしてほしいという話がきた。喜んで彼は赴き、子どもたちも大変喜んだ。

しかし、彼はいっさい自衛官であることを名乗らず、迷彩模様のシャツなど自衛隊を想起させるものもまったく身につけていなかった。

理由をうかがうと、「彼らは自衛隊に助けられていて、今ここで自衛隊に関係するものを見ると、当時の恐怖が蘇ってしまいます。せっかくトラウマがなくなりかけているのに無《む》になります。私が自衛官と名乗れるのは、もう少し落ち着いて彼らのトラウマがなくなってからです」

多岐にわたる支援活動

さて、以下では被災地における自衛隊の活動を具体的に紹介してみる。

❶統合輸送支援活動

3・11に関連した特筆すべき自衛隊の活動のひとつに、民政支援のための救援物資の「輸送スキーム」をはじめて構築したことがある。

つまり、民間輸送組織の代替として、都道府県が受け付けた物資を全国の自衛隊駐屯地などで集積したのちに、自衛隊の輸送力で各県の物資集積所まで輸送したわけである。

具体的には、統合幕僚監部の統制により、陸・海・空自が航空機やヘリコプターあるいは輸送艦などで東北地方の花巻・福島空港および松島基地まで統合輸送し、岩手、宮城、福島県の集積所を経由して被災地に届けたわけである。

この際、被害を受けた松島基地も基地業務群支援隊の迅速な復旧活動でわずか4日目に基地機能を回復している。また、移動管制隊が松島基地に到着後わずか2日後に破壊された基地管制の代わりに航空運用を開始している。これらもふだんの訓練と使命感の賜物《たまもの》であろう。

もっとも、これも自衛隊が大規模部隊を統合運用するときの一環の、兵站活動の応用でもある。

これをベースに、政府がふだんからその輸送スキームを民間レベルで確立しておくことも重要である。なぜなら、自衛隊本来の任務である防衛行動を行なうときなどには、自衛隊独自の兵站輸送力で不足するため、民間輸送力を活用しなければ膨大な有事輸送の需要をまかなえないからである。平時からその具体的な調整があって、はじめて行動時に活用できる。

少なくとも国政に参加する政治家は、与野党問わず、兵站活動などに関するそれぐらいの軍事的知識は知っていて当然と思う。でないと、ますます風雲急を告げる極東情勢のなかで、まともな安全保障論議もできないだろう。

ちなみに欧米では、市・町長クラスでも、いざというときに住民を守るために、1個小隊（約30名）を率いて指揮できないようでは、政治家失格とさえ聞いたことがある。

つまり、非常時には政治家に危機管理能力が問われるということである。

❷生活支援活動

自衛隊は、いかなる場所・時期でも任務を達成できるように、補給、整備等に関する自己完結能力を持っている。平たく言えば、生活基盤を自らつくりながら長期にわたり活動できるようになっているのだ。災害派遣のときは、このシステムを使って、本来第一線で活動する部隊を支援する代わりに被災者を支援するわけである。

3・11の被災地でも自衛隊は幅広い支援活動を行なった。給水支援、給食支援、燃料支援、入浴支援、衛生支援、防疫支援、音楽隊による慰問演奏などである。

❸給水支援

自衛隊は、被災者の生活に欠かせない飲料水や生活用水の提供のため、水タンクや水タンクトレーラなどによる給水支援を行なっている。この際、被災地域などに給水所を設けて、定期的に給水したり、避難所を巡回して給水するなど、臨機応変の対応をしている。また道が狭く車両の入れないところや、高齢者が多いところでは、隊員が水を直接渡す場面もあった。

❹給食支援

自衛隊は有事に備えてつねに一定の非常糧食を備えている。有事行動のときなどは、まずこの携行非常糧食を、個人あるいは部隊そのものが携行して活動地域に赴き、自活するのである。そして兵站部隊の展開・活動を待って、温かい食事の支援を実施するわけである。

一方、災害派遣の場合は、法律の枠組みを変更して、自衛隊用の糧食を被災者に提供することもある。

今回も、地震発生当初は、非常用糧食や乾パン、缶詰、レトルト食品などを提供していた。そして避難所に野外炊事車などが展開できるようになってからは、炊き出しにより、温かい食事を提供した。

だから最初に被災地域に赴いた部隊では、自らの携行食を被災民に提供し、飲まず食わずで活動するような場合もよく起こる。また温かい食事もまず被災民に優先して届けられる。それが現代サムライの思いやり、心意気である。災害派遣に送られて、被災者に先んじて温かい食事を口にしようと思うような隊員はまずいないと思う。

また、離島の被災者には、護衛艦や輸送艦を活用して、艦上における給食支援を行なっている。

ちなみに永久中立国のスイスでは、各家に2カ月分の非常糧食の備蓄を法律で義務づけている。旧大陸にあるスイスでは、地震も津波もない。日本では、マグニチュード5・0以上の地震が年約130回ある。そして全国に54基の原発がある。日本における各家庭あるいは自治体での非常糧食の常備を真剣に考えるときであろう。

万一のケースを想定外とはみなさず、万一に備えて準備を万全にする。これを危機管理という。

全国の原発の運転状況

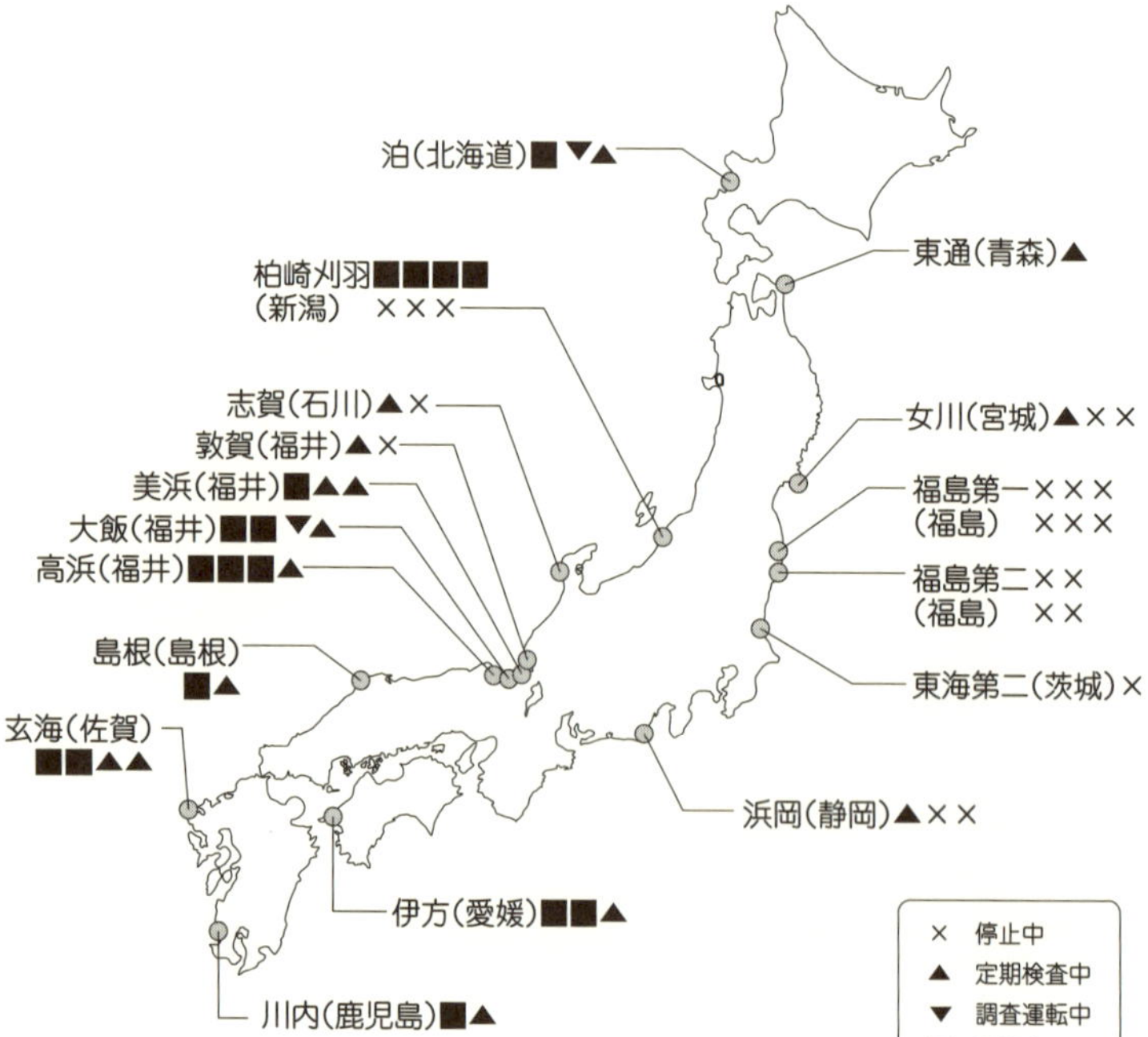

出典：2011年5月14日時点、電力各社による　『東京新聞』2011年5月15日

❺燃料支援

自衛隊は独自の燃料支援システムを持っている。

今回の特徴は、そのシステムである駐屯地の灯油やガソリンを被災地域のみならず、市町村役場、病院などにも無償で提供したことである。

また、警察車両、救急車や消防車の緊急車両には、派遣部隊の宿営地などに設置・開設している給油所で給油できるようにした。

さらに、避難所などに設置された仮設ミニSS（サービスステーション）に対する燃料補給の支援も行なっている。

❻入浴支援

今回は、通常行なう陸自の野外入浴セットを用いた入浴支援のみならず、空自松島基地や海自八戸基地などの入浴施設を用いた支援を行ない、さらに護衛艦・輸送艦などの浴室も開放している。

また、入浴施設から遠い被災者には、車両やエアクッション艇（LCAC）などによる送迎を行なっている。

❼衛生支援

自衛隊仙台病院および海自八戸基地の医務室を開放するとともに、被災地各地に応急救護所を開設して、被災者の診療などにあたったほか、陸・海・空の医官や衛生隊員による巡回診療や、衛生管理、健康相談も行なっている。

また孤立した地域や離島には、巡回医療や、救難ヘリコプター、機動衛生ユニットを搭載した固定翼機などによる救急患者の輸送支援を行なっている。

❽治安活動

世情をかんがみて、防犯のための夜間パトロールも行なっている。阪神・淡路大震災のときもそうだが、大きな災害があると被災地域の金庫などを狙う不届き者もいる。情けない輩《やから》ではあるが、これも明治維新以降エゴに走ってきた日本の現状でもある。もちろん、自衛隊には災害派遣時における治安行動任務は付与されていない。しかし自衛隊の車両がパトロールすれば、不届き者が来なくなるのも現実である。

日本の自衛隊は、「全面行動禁止」のなかで法律制定による「許可制」で任務付与される。一方、日本以外の国家は、「全面行動許可」のなかで、「禁止事項」のみ法律で制定する。だから普通の国ならば、災害派遣を命じられた時点で、担当地域の指揮官が治安維持的

避難所の被災者たちへ炊き出しを行なう

行動を取ることも自己の裁量で可能である。その裁量をどこまで許すのかは、権限を持つ者の状況判断である。日本では、知事の要請か首相の命令がないと治安維持行動はできない。国会の承認ともなると何日かかるかわからない。災害派遣での機微さが要求される現地の状況にはとても対応できないだろう。

日本人の「こそ泥」程度なら自衛隊ジープが来たら逃げるかもしれない。しかし、近々起こる東京直下型大震災などの場合に、悪意を持った「外国等の勢力」が武器を持って民間人を襲うような場合はどうするのか？

カンボジアPKOのとき、外務省が選挙監視員のボランティアを募った。「安全」というふれこみなので、ボランティア精神に富む日本の若者たちが応じた。しかし実際に現地に行けば、治安は悪く、自衛隊タケオ駐屯地から一歩も外に出られない。日本以外の国なら、国民保護の観点からそこに軍がいれば同国人を警備する。ところが自衛隊施設部隊に与えられている任務は架橋や道路整備など「施設任務」のみ。日本では任務以外、他の普通の国では当然のこともいっさいできない。目の前のボランティア日本人を守るには国会での法律改正を待たなければならない。何年後に改正されるか、はたして改正されるのかどうかさえわからない。

そこで、カンボジアPKOのときは陸幕運用課長が現地に赴き、防衛庁設置法（当時）に規定されている自衛隊の任務である「調査・研究」の名目で、施設科隊員に銃・弾薬を携行させ、ボランティアを守らせた。もちろん、正当防衛、緊急避難でしか武器の使用はできない。「撃たれる」という万一のときは、「弾よけの壁」になる覚悟である。任務遂行のための武器使用を認めない現状では、PKO任務もつねに現地隊員の死を賭した犠牲的精神のうえに成り立っているのである。

ちなみに、PKO等で自衛官が正当防衛で発砲し、相手に損害を与えた場合には、ただちに日本の裁判所で「刑事裁判」の「被告席」に立たなければならないだろう。こういう「矛盾」のうえに自衛隊の任務が遂行されていることを、どれだけの政治家たちがわかっているのだろうか。

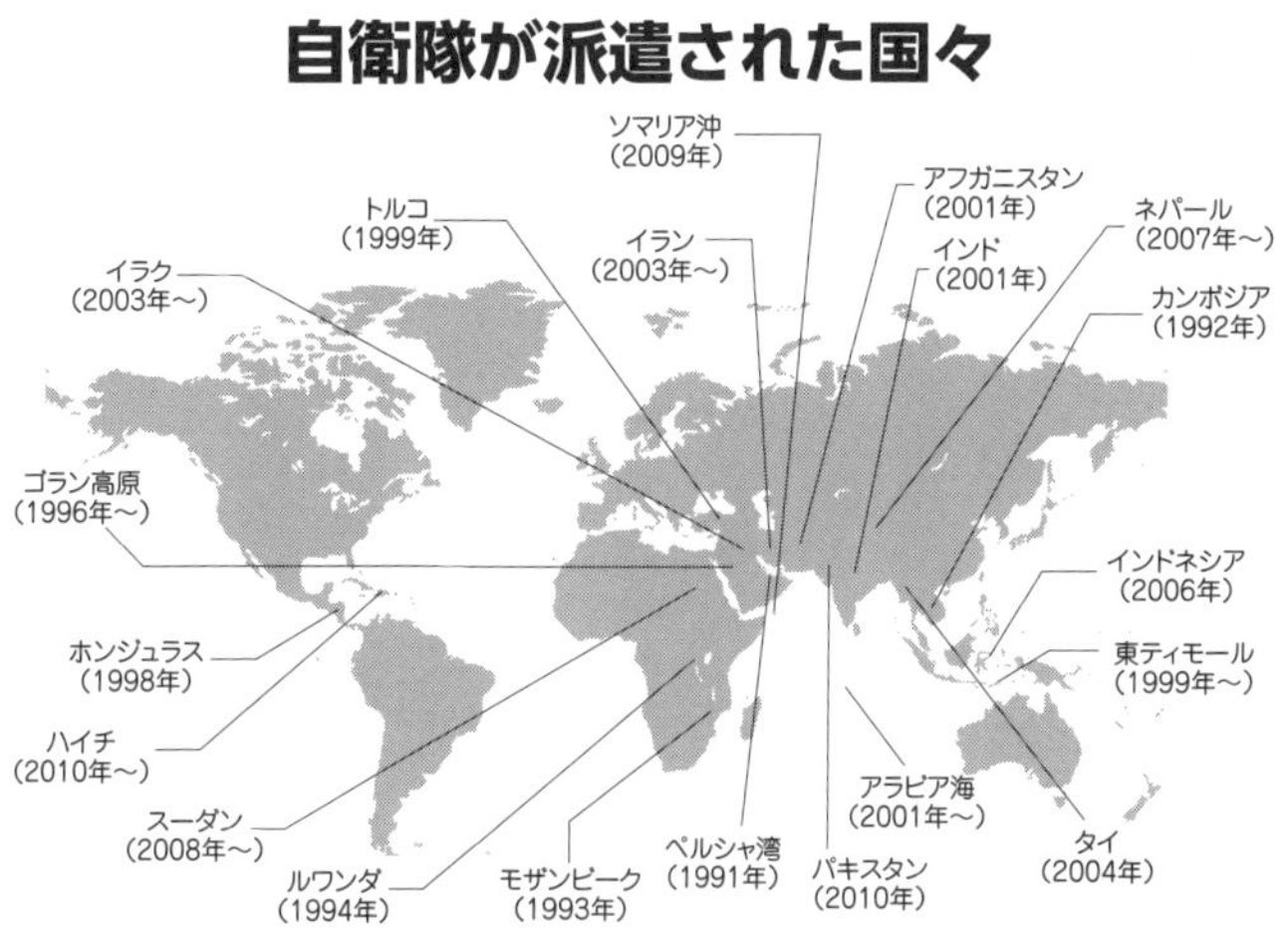

わずか10年ほど前に始まった自衛隊の海外派遣は、わずかの間にこれだけの数をこなしている

もっともふだんからの厳正な活動を通じて自衛隊の精強さが現地で評価されてきたのと、大東亜戦争において「解放軍」として400年続いた白人植民地支配軍を一気に放逐してくれた旧日本軍への「感謝」から、自衛隊には手を出さないという不文律も現地であったという。

しかしながら、波瀾万丈の時代を迎えるにあたって、いろいろ考えられる実際面での「枠組み」も、平時から国として確立しておく必要があるだろう。「想定外」という思考そのものをなくすことが、危機管理の基本中の基本である。

❾復旧支援

自衛隊は、災害派遣の最終第3段階で、被

災地おける復興に不可欠の道路、空港および港湾施設の応急復旧支援活動を行なっている。

特に派遣当初は、人命救助に必要な現場への展開と輸送支援実施のための道路や、拠点となる空港、港湾を使用可能な状態にすることを優先に、瓦礫の撤去、集積地までの運搬支援を行なっている。

この際、孤立地域など往来に事欠く場所には、自衛隊の浮橋、パネル橋などの施設科装備品を用いて応急的な橋を架けている。

また、津波や地盤沈下により被災地域に溜まった海水を除去するための排水溝の構築、学校校舎の復旧など、さまざまな応急復旧支援活動を行なっている。

自然災害は、時の経過とともに住民が立ち上がり、やがて自治体、業者による本格的な復興・復旧が始まる。この動きに連動して、自衛隊は任務を終了し、被災地から撤収していく。

この瓦礫の撤去でも、被災者の自衛隊に対する評価は高い。

一瞬にして倒壊してしまった家屋の瓦礫のなかには、貯金通帳や印鑑など、あるいは亡くなられたご家族の生前を偲《しの》ぶアルバムやご先祖様の位牌、その人にしかわからない貴重な宝物がある。しかしながら膨大な瓦礫撤去を迅速に行なうには、重機など機械力を使わざるをえない。業者の立場では、なかなか個人の要望に応えるのは難しい。

ところが自衛隊の場合は、このような「大切なもの」を真心をもって作業機械を止めてまでひとつひとつ手作業で見つけ出してくれる。ご家族を亡くされ、遺品ひとつもないような場合に、たった1枚の写真がその人の、今後あらためて生きようとする力になるかもしれない。「そのひとのために」、それが現代サムライの自衛官の行動基準である。

だから、ぜひ自衛隊に瓦礫などを撤去してほしいという要望が多い。しかし、民需との競合、真の地域の復興、本来業務などを総合的に判断して、民間に任せたほうが良いと考えられる場合には自衛隊は任務を終了し、各部隊に帰還する。

原子力災害をめぐる「本当のこと」

3・11フクシマは、史上最大規模の地震と津波という天災に加え、原発暴走という人災が重なってしまった。原発問題の核心はメディアによって巧妙におおい隠されているが、放射能汚染の「真実」を知ることで、これから日本がいかに進むべきかの道を教えてくれる。そのためこの問題を掘り下げて詳しく述べたいと思う。

また、この真実を知れば、そのなかで身の危険をかえりみず活動している自衛隊に対する思いも新たなものになるだろう。

阪神・淡路大震災と有珠山噴火災害に自衛隊の運用責任者として現地で活動した私の体験から言えることは、天災だけならば、①人命救助／遺体収容、②生活ラインの支援／確保、③災害復旧という3段階でやがて復興できる。もちろん災害の規模に応じて期間の長短はあるものの、必ず地域も復活する。現にこの目でその町の再生を見てきた。

また歴史を見ればあきらかなように、四季折々、自然豊富な列島に住んできたわれわれ日本人は、列島のこの宿命の試練に耐えて、つねに進化してきた。

江戸時代の大地震や大火においても、灰が温かいうちにもう大工が家を建て始め、わずかのあいだに皆が助け合って町を再建した。大店《おおだな》などは、つねに材木問屋に再建用の切り刻んだ建築材をストックして置いていた。各藩もそのための山林を確保していたし、最終的なバックアップとしては幕府の直轄林というものがあった。

想定外というような発想はない。万一に備えておく。これを危機管理という。非常時には上から下へ資金、資材が無償提供された。今は逆に困窮している下（国民）からさらに税金を取ろうとする。江戸の為政者たちが、現代の「想定外」や「税金」という話を聞いたら、腰を抜かしてびっくりするに違いない。しかも現代日本には米国債というぼう大な資金が現存する。

除染作業を行なう自衛官たち（福島県飯舘村にて）

江戸時代は、庶民も３００諸藩も幕府に税金を払っていない。それぞれが地場産業などで経済的に独立しており、実体経済を基盤としたうえでの完璧《かんぺき》な地方自治であった。これが実体のない投資金融経済主流の現在との大きな相違点でもある。

しかも現代の為政者たちは余剰資金を実体経済に活かすのでなく、国際的投機で失ってしまった。それを税金でまかなおうとしている。

江戸では、このような危機管理のもと、悲惨な災害のなかでも人々は明るくかつ辛抱強く、ともに協調して働いた。その姿に、訪れていた外国人が驚嘆、感動し、母国に日本および日本人の素晴らしさを「この世のパラダイス」と最上級の賛辞をもって伝えている。

思えば、この「文化」が東北に残っていたことがわかる。

江戸といえば水運が発達していた。そのもっとも混雑する隅田川の船着き場などでも、船頭から聞こえてくる言葉は「ありがとう」「ありがとう」「ありがとう」「すまないねえ」「ありがとう」ばかり。西欧人労働者たちが置かれていたような怒号が飛び交う労働環境とはまったく違う。このときその場にいた外国人は、日本人が自分たちを南「蛮」人という意味がわかったという。


ところで、1970年から2000年の30年間で、この地球上で震度5以上の地震がどれだけあったか調べてみた。というのは、今回のフクシマのメルトダウンも、地震により配水管パイプが損傷して冷却水が漏《も》れることで始まったからだ。

「津波」が原因というのは、原発事業を止めないための嘘=マインドコントロールである。ということは、地震国日本では、他の全国の原発でも同じ危険性があることを意味する。

結果は、英国=0回、ドイツ、フランス=2回、アメリカ=322回（ただしカリフォルニアの一部）、日本3954回！

つまり日本では、震度5以上の地震が年間132回起こっている。まさに地震列島。「いつ」、「どこで」起こってもおかしくない。こういう意味でも、死の釜・原発を日本にだけは置いてはならないわけである。

ではなぜ、列島にこれだけ地震が集中するのだろうか？

それは、列島が今でも造山活動をしているということ、つまり「日々新しい地殻が生成されている」ということなのである。

このため土壌が新しく柔らかいから、鍬《くわ》で耕すことができる。また台風に象徴されるようにモンスーンの雨の恵みのおかげで微生物が豊富となり、豊穣な緑を生み出し、四季折々、豊かな食料生産ができる。だから縄文時代から共同生活を通じ、自然と共生する人間味溢《あふ》れる文明を連綿と築いてくることができたのである。

その華の江戸では、唯一税金を払っていた農民も、欧州の農奴とくらべて非常に豊かな生活をおくり、260年間も戦いがなく、庶民にとってまさにパラダイス社会であった。

逆に、地震のまったくない欧州などの旧大陸は、地殻が古くて固まっている。だから大地はカチンカチンで、ツルハシ（＝堅い土を掘り起こすときなどに用いる鉄製の工具）でないと耕すこともできない。豊かな雨をもたらしてくれる台風もなく、土壌の微生物も極端に少ない。だから食料としては、せいぜいジャガイモ程度しかとれない。

それゆえ、狩猟で動物を殺すことで食料を確保し、その延長線上として戦いと競争が社会基盤となった。その唯一秀でた武力にモノをいわせて、武器も戦いの文化もない平和で豊かな地域を、資源収奪の植民地として征服していったわけである。利他の模範のようなサムライがいた日本を除き、武器も戦いの文化もないところに武器を持って押し入ったわけだから、略奪のし放題となった。その戦争・侵略という闇が現代地球文明を崩壊へと導いてきているのである。

侵略戦争においては、いかに効率よく爆圧と熱で敵を破壊するかが一大テーマとなる。その延長上に原爆が開発された。ニュートン・アインシュタインの理論にエゴがプラスされ、行き着いた果ての地獄の兵器である。それが潜水艦のエンジンに取り込まれ、技術者の反対を押し切って、金儲けのために陸《おか》にあげて原発としたわけである。近代エゴ文明の最終的な地獄のあだ花、それが原発なのである。舟も戦船《いくさぶね》、つまり侵略の手段としての軍艦になった。

一方、同じ火薬を用いるとしても、ヤマトごころの江戸ではそれは「花火」となり、「屋形船」から眺める風流な文化の象徴になった。

はたして、どちらがより人間的な文化であろうか?

世界の他の地域で大災害が起こったとき、そこは往々にして廃墟《はいきょ》となってきた。しかし、日本ではそのつど、防災施策などが進化してきた。今回も、間違いなく東北は復活するだろう。東北ほど、縄文意識、霊性、人間性の高さが残っているところはないからだ。

われわれ日本人は、ムー大陸の文明を受け継いで列島に住み始めた縄文時代からこの列島で、地震さえも一つの自然現象とみなし、あらゆるものと共生して生きてきて、「和をもって貴し」の「ヤマトごころ」を育んできたのである。それが、他の国々の人々にとっては、「目指すべき高い人間的社会」という「世界の雛形《ひながた》」の役目として映り、古《いにしえ》より敬われてきたわけだ。

買い物途中の地震で一時退避しても、壊れた店のレジの前に、また列をつくりに集まる国民など、世界中探しても日本人しかいない。忘れてはならない。縄文から伝わり大和王朝で文献上にはじめて現われ、江戸の人情豊かな庶民社会で華と開いたヤマトごころは、未来永劫《えいごう》、日本人の心に宿り継がれるのである。

忘れないでほしい。それが今生の世界における「日本の役割」なのである。

ところが福島原発の放射能汚染という「人災」にだけは、先に説明した復興3段階を適用できなくなる。プルトニウム239の半減期が2万4000年ということだけでも、この汚染地域が未来永劫使用できないことがわかる。核燃料は、止めたのち、完全に冷却するのに50年はかかる。それも通常運転後の処理に要する期間である。その後、高濃度放射性廃棄物という人類がつくった最悪の害毒を密封して、未来の人類の叡智《えいち》に処理を託して青森の六ヶ所村に封印されるわけである。ただし、六ヶ所村はあくまで2035年までの中間保管場所である。その最終的な処理ができないかぎり、いずれ六ヶ所村が現代文明終焉《しゅうえん》の放射能汚染震源地になるであろうことも予期できる。すでに六ヶ所村でさえ、3000トンの収容能力に対し、2800トンまで埋まっている。

もう日本のどこにも放射性汚染物質を持っていく場所がない。だから原子炉と同じ敷地に使用済み核燃料を冷却するための保管プールが炉ごとに置かれてきたわけだ。そのプールも地震などで水がなくなれば、暴走・核爆発する。プルトニウムは熱溶解して約10キログラム集まれば爆発する。あらかじめ4%プルトニウムを入れているMOX燃料を使っていたがゆえの、プルトニウム核爆発である。これが3号炉冷却プールの爆発の「真実」であり、水素爆発ではない。この結果、プールに保管されていた約300トンの使用済み核燃料が、放射性汚染物質として当時の風に乗り、東北から関東一円にばら撒かれた。これが日本人に将来にわたって内部被曝として暗い影を投げかけることになる。だから「真実」をしっかり知り、口養生（天然の栄養や発酵食品）などでその影響を克服しなければならないのだ。

さて、正常に処理された放射性汚染物質でも、安全化には20万年かかる。地震列島日本に20万年間安全に放射性物質を保管できる場所はあるのだろうか。その前に、固定化している容器が20万年間もつのだろうか。コンクリートもせいぜい50年しかもたない。

電力需要の80%を原発でまかなっている原発先進国といわれているフランスのアレバ社の処理方法をご存じだろうか。固形化した容器は、ロシアと契約してシベリヤの山奥に野積みしているのだ。これをそれぞれの当局者に聞くと、「あれはフランスの……」「あれはロシアの……」と曖昧《あいまい》にしている。確かに大陸には地震はない。

しかし長期的な地殻変動のときには……万一、テロや戦争で爆撃されたら……。

現在、行なわれている高濃度放射能汚染水の処理には、開いた口がふさがらない。海岸から配管をドーバー海峡の底まで設置して垂れ流している。放射性汚染物質の海洋投棄を防止する条約には、「航空機および艦船からの投棄」は禁止しているが、海岸からの配管による投棄は、まさに条約の「想定外」なのである。

もっとも先進諸国が法案をつくるときに、「抜け道」をつくったことに間違いはないだろう。

これが、現代文明の高濃度放射性廃棄物における「真実」なのである。この現実をしっかり認識せずして、原子力、原発問題は語ってはいけない。

国民の意識の高いドイツの場合は、その危険性がわかっていたので、国内のいちばん地殻の安定した山中に埋め込んでいた。しかし、費用もかかるうえに、たったの1万年しか保証できないこともわかっていた。だから未来のドイツ国民のために、3・11フクシマ以降、原発全面廃止を早々に国民決定したのである。

福島原発の場合は、地震による80キロにおよぶパイプの部分断裂、および冷却水装置（ポンプ）電源の故障による3個の原子炉の空焚き暴走とメルトダウン、さらに使用済み核燃料保管冷却プールの爆発により、原子炉および冷却プールから直接放射性汚染物質が撒き散らされた。この状況にはいまだ収束の目処《めど》さえ立っていない。

広島型原爆は、わずか800グラムのウランの核分裂反応で10万人以上の非戦闘員である市民の命を一瞬に奪った。報道ではいっさい言わないが、100万キロワット級の原子炉1基で、約100トンのウラン燃料があると思われる。さらに各基にある、3～5年冷却用プールの核燃料は何百トンなのか。またその後、数十年単位で冷やす共通の冷却プールには、約6000本の核燃料棒があるという。これらのどのプールの冷却水が枯渇しても核の暴走が始まる。

さらにまずいのは、人類がつくった史上最悪の放射性物質であるプルトニウム239を使った核燃料MOXを3号機が使っている。築40年の老朽3号機に、全国でも3基しか使用例のないプルトニウム燃料を、なぜ4カ月前から使っていたのか。プルトニウムは不安定で空気中でも燃焼し、取り扱いが難しい。もっとも地元自治体にとっては、プルトニウムの使用を認めると、通常の原発よりも補助金（迷惑金？）が割増になる。不思議なのは、日本ではこのような「真実」が主要メディアではいっさい流れない。

仮に暴走しかけた核燃料を数年で処理できても、上記のように冷却しないかぎり、動かすことはできない。さらにそれ自体が一度運転すると放射能汚染源となる原子炉そのものの廃棄処分にはゆうに数十年を要するであろう。加えて放射能の特性から冷却に使った水、爆発で粉々になったコンクリート片など、すべてが放射性物質となる。密封しないかぎり、放射能にはこうした負の連鎖反応がともなう。

これらを完全に封じ込めるまでに汚染地域がどこまで拡大するのかまったく予断を許さない状況である。特に4号炉の冷却プールは、壁も崩壊した建屋の5階にあり、万一強い余震で倒壊すれば、また数百トンの死の灰が飛散してしまう綱渡りの状態なのである。

しかも、循環冷却装置が破壊されているので上からつねに水を補給しなければならない。ところが総延長80キロメートルの管の化け物の原子炉は、地震や爆発で接合部などが破壊されており、いくらでも漏れる穴がある。上から流す分だけ、その穴から下へ高放射能汚染された水が流れ出る。ここからまた放射能汚染地帯が拡がる。いわゆる放射能汚染の無限地獄が続いている。これが現実である。

今もっとも国民の健康に大事なことは、このように拡がる放射能汚染マップ、特に地表面でのα、β、γ線ごとのマップを日々刻々キチンと公開することである。正確な情報が流れれば、危ない地域に入らなければいい。作物もどこが安全か明確になる。そうすれば、よけいな風評に怯《おび》えることもなくなる。

最大の問題点は、その「真実」をTVなどのいわゆるマスメディアがいっさい報道しないことにある。なぜなら主要TV局、新聞社の役員は原子力関係委員会や電力会社出身者で押さえられているからだ。さらに、電力会社が各TV局の最大の広告スポンサーなのである。完璧に「原子力事業推進」の情報しか流れない仕組みになっている。まさに私が指摘する典型的な世界金融支配＝お金の力で良心を売り買いする「マインドコントロール」構造である。だから日本では、住民・国民の命・安全よりも、原子炉・原子力事業（企業）の維持・保全のための情報しか流れない。

3・11を体験し、もうわれわれはその事実を知った。マインドコントロールされたTV・新聞ニュースをそのまま見てはならない。これが唯一の3・11の教訓である。

われわれは、まずこの「本当のこと」を認識しなければならない。

これだけは知っておきたい放射能の真実

放射能汚染には、外部被曝と内部被曝がある。子孫まで長期にわたる影響を考慮した場合、より大きな問題となるのは内部被曝のほうである。ところが、3・11以降、いや広島・長崎の原爆被爆以降、なぜか日本では内部被曝はまったく問題にされてこなかった。理由は明白である。その実態が明らかになると、米国の国際法にもとる「非人道性」が明確になり、以後原爆を核兵器として使用できなくなる。そして莫大な金儲けとなる原発を日本に設置することなど不可能になるからである。そうすると米国の膨大な国益が損なわれるとともに、ここから同床異夢《どうしょういむ》（同じ事を行ないながら、考えや思惑が異なること）で甘い汁を吸っている日本の利権グループがやっていけなくなるからである。

だからなんとしても、フクシマでは「実は内部被曝が問題である」ことを被支配国民の日本人にわからせ、目覚めさせてはならないのだ。このため、政府・大企業（東電）・メディアが三位一体《さんみいったい》となって、まるで戦時下の大本営発表のような「ひとだまし」の情報を流し続けている。かつての作戦幕僚だった私の立場から判定しても、みごとな完璧な「欺《き》騙《へん》（だまし）作戦」と称賛できる。

ただし、今のところは……である。

内部被曝が表面化するのは、5年から10年後に子どもたちのあいだに白血病やガンが多発してからである。被曝するともっとも新陳代謝の激しい神経細胞から逐次侵され、被曝数カ月後からハートアタック（心臓発作）や脳血管障害で突然死を迎える人が多い。これらのガン以外の病気による死も含め、広島や長崎の原爆では、6～7年後に白血病などで亡くなる患者がピークを迎えた。もっとも、米軍占領に伴うGHQの完全な報道統制政策である「プレスコード」下の日本では、これらの「原爆に関する」事実はいっさい言っても書いてもならなかった。報道すれば、そのメディアは「発禁処分」となった。

実は原爆の父と言われるオッペンハイマーは、1942年のロスアラモス研究所での開発当初から、毎日その日の研究が終わると病院で放射能除去のための点滴を受けていた。基本は重金属を体内から排除するキレート剤である。この「秘密」を知らない研究者、周辺の住民が内部被曝でガンを発症していったのである。この封じ込まれた「事実」が、今も世界中の原発周辺で続いているわけである。

米国は、原爆症患者は「爆心地から1・8キロメートル以内」「爆発から1分以内」に被爆したものに限ると定義したのである。したがって、広島・長崎の原爆では外部被曝患者しかカウントされなかった。だから、死者数は広島約10万人、長崎約7万人となっている。実際には、これ以降の内部被曝死亡者は、100万人を越えると見積もられている。それらの死亡者の臓器ごとの被曝線量などを含んだ状況証拠も、治療した医師のカルテも、京大医学部の貴重な現地研究資料なども、すべて米国が死体とともに「データ収集」と「研究」の名目のもとに米国本土に持ち去ったのである。だから、内部被曝の実態を伝える資料が日本では跡形もなく消し去られた。また「(占領)軍の機密事項」として触れてもならなかった。違反すれば日本の治安機関の厳しい取り締まりもあった。だから日本では、X線やγ線などの電磁波による被曝しかまともな研究ができなかったのである。

それゆえ、いまだ内部被曝の実情について、大学の教授レベルでも「セシウム137は体内に入ってもγ線を出すだけで健康上まったく問題ない」などとしたり顔で語る。何もわかっていないのである。あるいは、彼ら御用学者は研究費稼ぎのためにTVで嘘を語っているのかもしれない。

ちなみに、広島・長崎の原爆で使用された核燃料は約60キログラムで、そのうち800グラムが実際に核分裂反応した。「瞬間の殺傷能力」を高めた兵器としての爆弾なので、高圧下に核分裂反応が起こるように設計されている。このため、死亡した方々の原因としては、風圧50%、高熱35%、放射線(外部被曝)15%となっている。これに対して、フクシマではトータル約2500トン以上の核燃料物質があり、メルトスルーした1号機から3号機のみならず、爆発飛散した3号機の冷却プールのMOX使用済み燃料、さらに4号機の冷却プールの数百トンの使用済み核汚染物質が手つかずの野ざらし状態である。これらは原爆とは逆に、すべて内部被曝の原因となることを考えなければならないのである。

再度強調するが、当初から4％プルトニウムを混入したMOX燃料を使っていた3号機の冷却プールが地震で壊れて水がなくなり、メルトダウンを起こして、プルトニウム核爆発を起こした（「彼ら」は水素爆発と公表）ことは、日本有史以来の最大の危機的状況である。これらプルトニウムを含む数百トンの死の灰を東北、関東のみならず、全世界にばら撒いてしまった……。

その事実をひた隠して、まだ原発を推進する輩に、他人のために至誠を尽くすヤマトごころ、為政者に必要な武士道があるのか、いや人としての最低限の良心があるのか……。

また、今のフクシマの恐ろしさは、内部被曝はないという前提で、フクシマ県民200万人が、「データ」と「研究」の対象となっているだけで、なんら国レベルの治癒もケアも行なわれていないことに求められる。原爆と同じ構図である。まさに、「国家による犯罪」行為なのだ。かの旧ソ連ですら、チェルノブイリ爆発後、わずか2時間で周辺住民約5万人を全員緊急避難させている。

この事実がわかれば、体内の活性酸素をしっかり解消するための口養生もするし、放射能を排除するキレート剤の活用もできる。汚染地域も微生物を活用した根本的な除染も組織的にできる。多大の補助金も、こういう健康と生活基盤の確保にまず使うべきであろう。

一方米国は、原爆実験などで得たデータに基づき、IAEA（国際原子力機関）などを通じ、自国に有利になるような基準値を設定している。だからチェルノブイリ事故を、アカデミーを通じて真摯《しんし》に研究している欧州との基準値に乖離《かいり》があるのだ。

要はここでも米国は、自国を有利にするための二重《ダブル》スタンダードを駆使し、日本に原発を置くことによる利益を既得権益化しようとしているのである。

こう見てくると、「トモダチ作戦」の米陸軍がフクシマから80キロ、海軍が180キロ圏内に入らなかった理由が明確となる。真実がわかっているものに、内部被曝を強制することは、命じたものが「殺人罪」に問われかねないからである。

ちなみにチェルノブイリでは、20年後に現地の実態調査に入った五井野正博士が、明日にも死ぬと宣告された重篤《じゅうとく》の白血病の子どもたち50人を選んで、博士が開発した自然生薬の「GOP（五井野プロシジャー）」を投与、彼らを完治させた。その治癒過程が現地のウクライナ国営放送で「救世者」と題されたドキュメント番組となった。原発事故以降に生まれた子どもたちにも白血病が発症するのである。実は内部被曝の怖さは、DNAの螺旋《らせん》構造の2本の鎖を同時に切断したり、4つの塩基そのものを破壊することにより、複製を重ねるなかで遺伝することにある。

総じて、内部被曝は外部被曝の600倍から900倍の影響があると言われている。とはいえ、5～10年後をピークにこれから日本で内部被曝患者が出たとしても、GOPを自然生薬として日本政府が認可していれば、治癒しうるという「真実」をしっかり認識してほしい。また、放射能を体外に排出する微生物活用のキレート剤も民間レベルでは存在する。これらの真実が国民レベルで拡がれば、政府は隠すことはできない。

ぜひ、江戸時代の身分制度・士農工商を超えた私的な「勉強会」のように、「ネット」「口コミ」で本当の情報を伝えてほしい。その「情報」の拡散度に応じて、新たな文明の夜明けが早まる。

大本営発表に騙されてはならない

では次に、現在の為政者たちの「欺騙《だまし》」の仕掛けをひとつ解こう。

TVニュースで放射能汚染を問題にするときは、地上1メートル付近の空中線量をガイガーカウンターで測っていることに気づいているだろうか。これは、なんと文部科学省の

「推奨」の計測方法なのだ。実は、このことだけでも、政府、官僚、学界、メディアが一体となって内部被曝を隠し、低線量被曝は問題ないと国民をマインドコントロールしにかかっていることに気がつく。

しかも放射能汚染の特集番組などでは、自然の鉱石の放射能を測ったり、トンネル内、温泉などに計器を持ち込んだりして、それらの場所では、フクシマ汚染地の計測以上の線量になることをわざわざ計測して対比し、いやがうえにも「内部被曝」はいっさい問題ない、という印象を与えている。

原発の燃料は通常、分裂性の高い燃えるウラン235が3~4%、残りは反応しないウラン238である。100万キロワットの原発では、1年間に約100トン、この燃料が使われる。

自然界（宇宙）は、陽子と電子が1個ずつペアの原子番号1の水素から陽子2個のヘリウムが生成されたように、陽子を増やしながら成長してきた。ウランは陽子92個の、これまで確認されたところ宇宙でいちばん重い物質であり、中性子の数によりウラン235、238の2種類がある。ウラン235を自然の摂理に反してむりやり人為的に分裂させると、中性子と数百種類におよぶ「人工」放射性物質が生まれる。

このうち中性子1個がウラン238原子1個に吸収され原子番号が一つ上がって「(人

工）プルトニウム239」が生成される。これは人類が生んだ宇宙最悪の猛毒と言われている。また、核分裂反応が容易で核爆弾の原材料としても使われる。

原発では、燃料のウラン238の1％がプルトニウムに転換されるので、プルトニウムが1年間に約1トン、各炉で生産されていることになる。すでに日本は数十トンのプルトニウム、つまり原爆数千発分の原材料を保有しているわけである。プルトニウムはもちろん最悪の放射性物質である。α崩壊までの半減期が2万4100年。さらに長期間をかけてβ崩壊し、最終的にγ線を放出して、やっと「鉛」になる。つまり、あらゆる人工放射性物質は、人類の自然の摂理に反した行為による鬼子であるものの、α、β、γ線を放出しながら自然の安定した物質に必死で還ろうとしていると見ることができる。

数百種類の人工放射性物質は、ほとんどが質量が小さいので、β崩壊である。たとえば報道では引っ張りだこのセシウム137は、β崩壊を30年続け、最後の数分γ線を放出して安定したバリウムになる。同じくヨウ素121は、8日間β崩壊し、最後の一瞬γ線を放出して安定したヨウ素になる。

α線とは、2個の陽子と2個の中性子からなるヘリウム核である。むりやり電子を剝がされた原子核、つまり「物質」であり、もっとも危険な放射能である。ただし、物質なので紙1枚でも防止できる。空気中では約45ミリ、体内では0・04ミリしか飛ばない。それゆえ通常、外部被曝では問題とならない。ただし、食物や飲料水、呼吸などで体内に取り込むと、細胞に直接接することになり、活性酸素を生み出すとともに、遺伝子の4つの塩基を破壊する。つまり細胞分裂の盛んな子どもなどに遺伝的な悪影響をおよぼす。

β線は、原子から吹き飛ばされた電子という粒子である。これも「物質」である。それゆえ、プラスチック1センチほどの厚さで防止できる。同じく空気中で1メートル、体内で1センチしか飛ばない。これも外部被曝は問題ない。しかし食べ物などとともに体内に取り込まれると、50〜120万電子ボルトという強い電離エネルギーで細胞を破壊するとともに、活性酸素を生じてα線と同様、遺伝子の鎖が切断され悪影響をおよぼす。

これに対して、γ線は、レントゲンのX線や電波と同じ「電磁波」である。それゆえ、これを有効に遮《さえぎ》るのは鉛しかない。体内を通過するときに細胞が大きなエネルギーを受け、遺伝子の鎖が切断されたり、細胞内がイオン化され活性酸素を生み、細胞の老化現象や炎症を起こす。もっとも、電磁波なので一瞬のうちに体内を透過してゆく。ここが「物質」のα、β線との大きな違いである。

ところで、ふだん、原子炉内で核分裂反応している燃料からは、絶対に「物質」であるα線やβ線などは出てこない。だからガイガーカウンターは、通常γ線専用となっているのである。ところがメルトダウンして核燃料が野ざらしになると、飛散した核分裂物質の

α線、β線を問題にしなければならなくなる。

要するに初期の段階は、γ線による外部被曝が問題となり、時間の経過とともにα線、β線による内部被曝を焦点に対策をとらなければならないということである。

実は、レントゲンのような一瞬の高い放射線の被曝よりも、弱い放射能の連続的被曝のほうが人体の細胞に対する影響が強いことも指摘されている。

これを「ペトカウ効果」という。

さらに言えば、一度内部被曝してしまうと、症状が現われるまで被曝の実態をつかむことはできない。なぜなら人間の体の70%が水であり、α線やβ線は阻止される。つまり、一度体内に入ったα線やβ線は外からでは計測できない。せいぜい半減期8日間のヨウ素121が最後の瞬間に放出するγ線を体外から測定できるにすぎない。体内に入ったα線、β線が体外から測れない以上、数百種類の放射性物質の何で被曝しているのか知りようがない。

にもかかわらず、「内部被曝を測れる」と称してγ線だけを測定しているとすれば、いったい「何の目的」で行なっているか察しがつくというものである。

それゆえ、広範囲で、地上表面のα線、β線をきめ細かく測定しなければならないのである。なぜなら幽霊と違って生身の人間は地上1メートルを飛んでいるわけではなく、大地を踏ん張って歩いているからである。

しかも、セシウム137やヨウ素121だけでなく、白血病の原因となるストロンチウム90や最悪の猛毒プルトニウム239が、どこにどれだけ飛散しているのか明確に計測しなければならない。政府は、なぜこれらの計測をキチンとしないのだろうか？

ところでその地上1メートルでも継続的にγ線が計測できるということは、いまだにヨウ素121以外の放射性物質が大量にあり、また新たな放射性物質が飛散して来ていると判断できるということである。実際に、フクシマのメルトスルーした数百トンのウラン燃料や崩壊寸前の4号炉冷却プールの使用済み燃料からの放射能放出は、いまだ収拾の目処が立っていない。原発推進のために真実を報道しないだけである。

もし、正確に実態調査すれば、「ただちに原発はやめよう！」の声が沸いて来るであろう。それを「彼ら」はいちばん恐れているのである。

実体調査は、ひいては戦後のプレスコードから始まる騙しの日本統治の黒い霧を晴らすことにつながるかもしれない。それこそ、真の日本人の「目ざめ」に直結するかもしれない。

だからこの問題を詳しく述べているわけである。

こうして放射能問題ひとつとっても、なぜ「政府現地対策本部」を仙台あるいは福島に設置しなかったのか、その「真相」がよく理解できるであろう。政府現地対策本部は、政府機関、自衛隊などの関係機関、地方自治体、あらゆるメディアの一体化組織である。立ち上げた瞬間に、「フクシマの真実」が、日本のみならず、世界に拡散するからである。

実は、阪神・淡路大震災で国の対処の遅れが指摘され、大規模震災基本法が改定された。つまり、大震災のときには迅速に「政府現地対策本部」を設置することが規定されたのだ。これにより、国として現場で迅速に総合的に情報を入手し、的確に意思を決定、それに伴い国を挙げての迅速な処置ができるようになった。

そして実際に、有珠山噴火災害ではじめて現地対策本部を有珠山の麓《ふもと》の伊達《だて》市役所内に立ち上げて大成功している。同本部は支援活動の長期化にともないプレハブを設置、噴火の終焉《しゅうえん》まで活動した。メディアもここに集中するので、広報と一体化した総合的な運用ができる。被災民、国民もすみやかに事実を知ることができて、人心の安定にも寄与した。それゆえこれが以降の国レベルの災害対処の雛形《ひながた》となった。

先の中越地震災害でも、きわめて効果的な災害救助ができていた。阪神・淡路で悔しい思いをして、有珠山でこの現地対策本部の立ち上げと活動ルールの確立に直接かかわってきた私としても、秘かに誇りに思っていた。

ところがなぜか今回は、福島から200キロも離れた都内で、各機関バラバラの活動を行なっている。唯一統合されているのは、東北方面総監のもとに陸・海・空が統合運用されている自衛隊だけである。

本来なら、今回の事態に対応するための国軍最高司令部といえる方面総監部を置き、かつ被災地のほぼ中央に位置する仙台に政府現地対策本部がただちに設立されなければならなかった。

ところが現地からははるか離れた都内の記者クラブでの記者会見から全国への情報発信となっている。「彼ら」から見れば、完璧な報道統制、情報操作ができるわけである。ただし、これではまともな政策判断もできず、国民にも放射能汚染の実態の真実が伝わらない。

いや、原発の危険性をカモフラージュして、これからも原子力事業推進に支障をきたさないようにするために、要は「真実を出さないため」に政府現地対策本部が開設されないのかもしれない。TVニュースなどはこの観点でチェックしてほしい。

しかし、独立メディア、米国を除く海外メディア、ネット、有意な人の活動により、フクシマの事実はどんどん拡散している。「世界金融支配体制」下の既存メディアを通じた「再マインドコントロール」と、独立メディアなどを通じた下からの「真実の拡散」の勝敗が、日本、地球の未来像をつくっていくであろう。

自衛隊は武士道精神で動く

さて、前記以外の被災地での自衛隊の活動を、補足的に紹介しておこう。

放水・給水

こういう原発の状況のなかで、自衛隊は、陸自の中央特殊武器防護隊を中核にまさに身の危険をかえりみず、この国の崩壊を救った。

まず、3月17日には、陸自第一ヘリコプター団のCH–47Jヘリコプター2機により、空中消火バケットを用いて、計4回約30トンの海水を、状況急を告げる福島第一原子力発電所3号機に緊急投下した。

ヘリのパイロットからは真下は見えない。このため、ピンポイントの空中投下は、通常地上の観測員が無線でパイロットに指示する。しかし、水素爆発の危険性があり、実際上すでにメルトダウンしている原子炉には、地上観測員は行けない。

しかもパイロットは防護マスクや鉛の服を使用しているので、操縦そのものが制限される。航空隊の行動の場合、最終的には任務の可否、成否はすべてパイロットの腕にかかってくる。

文字どおり、第一ヘリコプター団の最精鋭のパイロットの胆力と技量と使命感が、厳しさを増す状況のなかで、これからの長期の国難の道に果敢に対処する反攻の狼煙《のろし》として先陣を切ったわけである。

また、各自衛隊が保有する消防車を使用して、17日から18日にかけて3号機に、20日から21日には4号機に地上から放水した。自衛隊には正規の消防隊はない。駐屯地などで万一に備えて順番に臨時で勤務しているにすぎない。自衛隊では火事などまずないので、隊員全員がはじめての本格的な放水を経験したわけだ。彼らはそのような臨時編成にもかかわらず、中央特殊武器防護隊長の指揮のもと、外部被曝しながらみごとに任務を完遂した。放水は消防車延べ44台、約340トンにもおよんだ。

この際、14日に3号機への給水活動をしていた隊員4名が、水素爆発の際、負傷した。現場の車両がすべて大破する大事故であった。しかも1名は防護服も破れるほどの膝上裂《ひざ》傷であったが、現場指揮官の臨機応変の迅速な退避指導で内部被曝は免れた。入院した隊員もすぐに退院、強い使命観でただちに現場での活動に復帰した。

なお、福島第二原発においても、13日から14日に空自の給水車両を中心に、冷却水の注入を行なった。

さらに、淡水による冷却を行なうため、米軍から提供されたバージ船2隻に淡水を搭載し、海自の多用途支援艦でフクシマ近辺まで曳航《えいこう》した。

除染

陸自の化学科部隊は、フクシマ周辺の住民や、支援に従事した自衛隊員、消防隊員などに対して、原発周辺の主要幹線で、除染ポイントを設置して放射線量の計測や除染を実施するとともに、作業に使用した航空機や車両などの除染を行なった。除染ポイントは最大8カ所におよんだ。

モニタリング作業

フクシマの状況および放射性物質の大気中への放出状況などを常続的に把握するために、空自RF-4偵察機および陸自UH-1ヘリコプターによる航空偵察を行なうとともに、技術研究本部が陸自CH-47Jヘリコプターに赤外線サーモグラフィ装置を搭載し、上空からの温度測定により、破壊された原子炉内の核燃料の実情把握に寄与した。

また、原子力対策本部や文科省の要請により、放射性物質の種類を調査するため、空自T-4練習機による集塵《しゅうじん》飛行を実施するとともに、ヘリコプターに線量測定装置を搭載し、「放射線量等分布マップ」を作成するための計測飛行を行なった。

原発周辺地域住民に対する支援

自衛隊は、避難地域に指定された区域に所在する病院の入院患者や要介護者などの避難の際の輸送支援、避難した住民に対する放射線量の測定および除染を行なった。屋内退避区域においては、要介護者や住民の自主避難の支援、食糧・飲料水・医薬品の配送支援、避難所で生活する被災者や在宅高齢者などへの巡回診療を行なった。また、自治体が確認できなかった住民の居住状況、健康状態および退避の意向などの調査のための戸別訪問などを実施した。

さらに一時立ち入り開始にともない、中継基地などで住民の放射線量の計測や除染を行なっている。

原発周辺地域おける行方不明者などの捜索

4月18日以降フクシマから30キロ圏内、さらに5月1日以降は20キロ以内、さらに同月3日からは10キロ以内で、行方不明者の捜索を実施している。

捜索を命ぜられた中隊長たちは、可愛い部下を内部被曝させないように、つねにガイガーカウンターの数値をモニターしつつ、いかなる場合でも防護マスクを顔面に密着して装着する指導を徹底している。特に線量の高い地域では1日4時間交代で活動した。

実は、防護マスクをしての作業は、息が苦しいうえに汗も出る。若い隊員のなかには、つい「息抜き」で空気を入れる者もいたようだ。このためか、残念ながら内部被曝している隊員が出ている。

フクシマにもっとも近い地域では、東電の職員、特攻作業員と捜索する自衛官しかおらず、地元の町長などもほとんど視察に来なかった。

もっともこれまでの災害派遣では、地元出身の政治家が現地視察に必ずやって来ていたが、フクシマ周辺には来ていない。隊員もその違いを敏感に感じている。

指揮官は、そういう場所で来る日も来る日も可愛い部下に作業をさせて「すまない」と今も思っているに違いない。

政府、主要メディアのタブーとは

そんななかで、日本のメディアはこぞって米軍の「トモダチ作戦」を称賛した。全国で講演活動していると、かなりの多くの日本人が、政府の対応を「とんでもない!」と憤慨している。

フクシマ問題の最後に、私の「見解」を述べたい。

自衛官は、自らの功績をいっさいアピールせず、任務終了すれば静かに身を引く。

彼らは差し入れにジュース1本もらっても、必ず被災者に届け、自ら飲むこともない。

フクシマでは女性隊員も含め、下着も替えることなく着の身着のままで全身どぶネズミになって、放射能汚染地区でも身の危険をかえりみず捜索を行なった。

被災者の方にはやがて自衛隊の補給部隊が風呂を提供するが、派遣隊員が風呂に入れるのは、任務終了し帰隊したときだけである。

人命救助しても、遺体を収容しても、けっして功績をアピールすることはない。逆に御霊がご家族のもとに還るお手伝いが遅れたことをすまなく思い、ご家族の現実の哀しみをわがこととしてともに涙し、ご冥福《めいふく》をお祈りする。

自衛官にとって被災者も遺体も、あるいは自然そのものが自己と一体化している。まさに万物自然と共鳴・共生している。

つまり、自衛隊の災害派遣は、ヤマトごころ・武士道精神で行なわれている。

これに対して米軍の災害派遣は、完全なスポーツ精神で行なわれた。

決められたルールに則って行なわれ、自己の勝利をアピールし、賞金をしっかり獲得す

る。

陸上部隊は福島原発から80キロ以内、空母にいたってははるか東方海上１８０キロ以内に入ることもなかった。それが彼らの「ルール」だった。そこには、被災者のためという、突き詰めればあらゆる万物との一体感という、崇高な武士道的精神はいっさいない。あるのは、被災者と救済者を分かつ二元的思考である。

しかも、米軍は自衛官が放射能下、どぶネズミになりながら命からがらの人命救助、遺体収容に専念するなか、安全な仙台空港やＪＲ駅で、これみよがしのいとも簡単な瓦礫撤去というＰＲ的活動を行なった。本来、弾の飛び交うなかで作業する軍の部隊にとって、弾の飛んでこないなかでの瓦礫撤去など、朝飯前でいとも簡単にできて当たり前の作業である。だから軍では災害派遣の訓練などいっさい不要なのである。

にもかかわらず在日米軍はＧＨＱ占領以来の工作で、お先棒をかつぐ親米メディアを使って全日本的に自己の存在をアピールし、なんと年１８５０億円の「思いやり予算」を向こう5年間もゲットしてしまった。被災者に対する義捐金《ぎえんきん》を、子どもが貯金箱を壊してまで寄付しているなかでの「政府決定」である。だから、まともな政策が実行できなくとも「延命」できるのだろう。

いずれにせよ、さすが広告代理店が政治をつくる米国である。こうして、日本政府に紙くずの米国債を約80兆円も買わせながら、この大災難までをも利用して日本からなけなしの「円」を収奪していく。つねにこれが世界金融支配体制の狙いである。

そもそも独立国に軍を置く以上、お世話になる国に駐留費を払うのが国際的な常識である。しかも「思いやり予算」は、「仕分け」上防衛予算から持っていかれる。政府は、口では自衛隊に感謝しながら、結局これまで同様、防衛省予算が削られる。その数字合わせで人件費削減が図られるため、またしても陸上自衛官の定員が先細り的に減っていく。

このようにして、いざというときに国民を直接守り救助してきた陸上自衛官の定数が、かつての18万人体制から現在の14万5000人にカットされてきた。数年後、「高機能的運用能力」という左脳優秀官僚が造語する意味不明の実体なきごまかし理論で、陸上自衛官10万人態勢がやってくるだろう。それはこれまでの日本の状況から予期できることである。こうして、真の日本の独立がさらに遠のいていく。

この米軍のアピールも含めて、原発暴走から1年が経った今、政府の至上命題が明らかになってきた。

それは……「原発事業の絶対的な擁護・維持・発展」と「日本は引き続き原発事業で金を儲ける」である。これに反する報道、特に「原発廃止」にかかわる情報は、いっさいが「タブー」なのである。

これは、米軍も政府も裏から動かす世界金融支配体制の絶対的命令でもある。

実は、戦前の日本には、約600社の発電企業が共存していた。戦争で地区ごとにまとめられたにすぎない。それを戦後統治したGHQが、世界金融支配体制の指示に基づき、原子力発電所という「死の釜」を、活断層の巣窟《そうくつ》である地震帯に地雷として置くために活用してきたのである。

つまり東電という企業も、原発も、アメリカとその政府をも裏で牛耳る世界金融資本体制「黒いエゴ資本主義者たち」の意志で残し、置かれたものである。けっして自然と共生してきた日本人の意志で置いたものではない。

この「真実」をしっかり認識することである。これがわかると、地震国家日本になにゆえ54基も狂ったように原発を置いてきたのか、理由が理解できるであろう。原発がないと電気量が足らないと、彼らにマインドコントロールされていたにすぎないのだ。

福島原発事故は、武士道精神に通じる世直しナマズ大明神からの警鐘である。「明治維新以降の西欧スポーツ化文明から、本来の自然と共生した武士道ヤマト文明に回帰しなさい」と。

その象徴が、「原発からクリーンエネルギーへ」の転換なのである。原発がなくても電力供給が十分にまかなえる「真実」も、やがて全国民の知るところとなるであろう。原発のために、火力は48％、水力は20％に出力が抑えられていたのだ。

いわばわれわれは、日本丸という大きな船の一員である。宝物に目が眩《くら》んで機雷の海域に入ってしまって、大きな船の土手っ腹に機雷で穴を開けてしまったのである。それを自衛官という最後のサムライたちが必死で穴をふさいでくれている。彼らが頑張っているあいだに、この日本丸を機雷原の危ない海域から安全な方向へ舵《かじ》を切ろうではないか……。

しかも日本は、地球号の雛形といわれる。世界の手本となりたい。それが亡くなられた2万有余の貴い魂の願いであり、今生の役割に違いない。

本当のことを知れば、生き方は変わる。嘘はもういい。

第2章

タブーありきの現代ニッポンを変える

～歴史から見る自衛隊～

平時における「研究」こそ危機管理の基本

それにしても昭和25年（1950年）の警察予備隊発足以来60年間も、なぜこれまで自衛隊は日本社会でつねに日陰者扱いをされてきたのだろうか。実はその謎を解くことによって、日本がこれまで受けてきたマインドコントロールの構造が明らかになる可能性がある。

なぜなら普通の国なら本来「軍事」というものは、「外交」の延長線上に位置するからだ。つまり、さまざまな国益の衝突のなかで、政治的解決が不可能になったときに、最終手段として軍事行動に訴えるわけである。地球上には主権国家以上の権力者は存在せず、それが国際法のルールでもある。

極端な例だが、最近の米国の湾岸戦争以降の軍事行動や、フォークランド紛争での英国の「奪回作戦」を見ると、その意味がよくわかると思う。

軍事力を国権として行使するかしないかは、そのときの国民の意志に委ねるとしても、そのための「能力」と「意思」なき国家は、国際社会のなかで影響力がなくなるのも国際社会の現実である。

もちろん、戦後日本は「国権の発動たる戦力の行使」を憲法で禁止してきている。しかしながら、「自衛戦争」を放棄しては、主権国家としての存続は不可能となる。それが現段階の国際社会の実態でもある。

たとえば仮に、尖閣《せんかく》諸島に中国軍が上陸占領したときに、政府は自衛隊にただちに奪回を命じるのだろうか。あるいは竹島のように、「棚上げ」するのだろうか。国際社会のルールでは、「実効支配」を受けた土地はやがてその国の領土になる。

領土を奪回するには、着上陸能力、すなわち陸・海・空統合戦力の投射能力（軍事力を準備、輸送、展開して作戦を遂行する能力）が不可欠だが、今の自衛隊にそれらが「能力」として付与されていないのは明確である。もちろん、国民一丸となって尖閣を奪回する「意志」がなければ話にもならない。もっともそのような国民の意志があれば、いかなる国家も日本を侵略しようとは思わないだろう。

北朝鮮による拉致《らち》問題も、つまるところはこの国民の意志が問われているのである。矮《わい》小《しょう》化した警察マターとしてではなく、キチンと国家の安全保障の観点から捉え直す必要があるのだ。

これから現実問題として、北朝鮮崩壊など韓半島での混乱も考えられる。こういうなかで、万一に備え「邦人救助」の「研究」を自衛隊に行なわせるのも、国家の重要な役割だ。

平時にこそ、あらゆる事態を考えて、「研究」しておく。これが国家の「危機管理」の基本である。事態が実際に生起するようになると、研究がより緻密《ちみつ》な「計画」となる。さらに計画を具体化した「事業」計画なくして「実行」は不可能である。

いずれにせよ、専門の運用（作戦）幕僚によって行なわれる、考えうるあらゆる事態への地道な研究が、実行動、すなわち国家防衛の任務達成の基礎であることを、国民レベルでしっかり認識しなければならない。かつての陸幕運用一班時代には、尖閣奪回作戦も研究テーマの一つであった。

こう見てくると、戦後の日本社会に「軍事」にかかわる事項を「タブー化」するとともに、「自衛隊」を日本社会で正当に評価されないように、簡単に言えば国民から乖離《かいり》・疎外させておこうとする「意志」が働いていたと見ていいだろう。

戦後の日本では、「国際関係論上からの軍（自衛隊）の役割」という「思考」そのものを、自衛隊誕生前から「封殺」してきたわけである。

その経緯を知るには、日本あるいは日本民族というものの持つ地球文明における意義や役割を、世界史の大きな流れのなかで見ることが役立つだろう。もちろん、歴史書や教科書の歴史は勝ち組の歴史である。

ここでは、本当の歴史を、ロマンの感覚で一緒に眺めてみたい。歴史でいちばん大事なことは、「流れ」を読むことだと思う。

東西文明の発端は沈める大陸

船井本社の船井幸雄会長も真の霊能者として評価する『転生会議』（ビジネス社刊）の共著者である光明氏の霊透視によれば、現在のパラオから沖縄あたりに存在していたムー大陸が1万3000年前に沈むとき、高度文明を誇っていた彼らは、最後の王に率いられて日本に上陸したようだ。

先述したように、彼らはやがて奈良盆地を中心に自然と共生した縄文文明を築いた。彼らの人口が増加するにともない、シュメール～四大文明、そして世界へ拡がっていった。

この流れのなかで、途中から列島に里帰りした部族もいる。たとえば、初期キリスト教のヘブライ人は京都南の山城に住み、大和王朝のために平安京を建設したのちに、ヤマトに帰依《きえ》し、秦《はた》一族となった。またシュメールから高句麗《こうくり》の流れで騎馬民族として越に上陸した一族は、中央構造線上にある豊川以東に高句麗の分国をつくっていたが、平安時代にヤマトに帰依し、鈴木、豊岡、村上、篠井、玉川、清岡、御井などの姓をもらっている。彼らは武田騎馬軍団の祖とも言われている。つまりブーメランのように各時代に日本に帰ってきている。その帰っている時点、事象だけを見れば、日本はあらゆる異民族が集まってできた民族となる。つまり、流れの捉え方の違いにすぎないのである。

いずれにせよ、この列島から発した民族の流れの特徴は、自然との共生にある。豊かな縄文の土の文化の賜物である。特にこの民族にはいっさいの戦いの痕跡《こんせき》がない。人はその霊性の高さで判断されていたようだ。

南北アメリカのインディアン、南洋の島々の人々、オーストラリアのアボリジニ、中国のモンゴル人、中央アジアのスキタイ人などなど、驚くほど自然観が似ているのはこのためである。彼らには武器や戦いの文化自体がなかった。

これらのなかで、本家本元の日本は人情豊かな、訪れた西欧人をしてこの世のパラダイスと言わしめた「江戸の町民文化」を形成していった。ただ、他の地域と違ったのは、誠実に政治を行なう武士たちが、万一に備えて「武力」を持っていたことである。彼らは「自然との一体観」の縄文の心を「ヤマトごころ」として連綿と育む一方、やがて「誠」に象徴される独特の「武士道」の体現者となった。見方を変えれば、これが日本民族の「心」、民族の「いのち」と言える。

ちなみに出雲には、縄文時代から地元の方々が絶やすことなく祀《まつ》っている磐座《いわくら》がある。2011年はじめてその前に立って祈りを捧《ささ》げたとき、この連綿と続いている大いなるものの「はからい」「いのち」に、畏敬《いけい》の念を覚えるとともに深く深く感謝した。

その一方で、大西洋上にあったアトランティス大陸の人々の流れがある。彼らはムーを殲滅《せんめつ》しようとして、結局双方とも海底の藻くずとなったようである。

彼らの生き残りが、欧州の大陸に逃れていき、森の民となった。欧州は地震も台風もない大陸だが、その分、地殻が古く、土中の微生物も少なく、さらに緯度が高いため太陽の恵みにも乏しく、土からの食物で民族を養うことができなかった。

このため彼らは、狩りで動物を捕ることに糧《かて》（肉）を見いだした。その結果、「武器」と攻撃的戦闘に特化した集団となり、「競争」が社会規範となった。つまり縄文の土の文化に対して、「石」の文化と言えよう。

彼らにとって、自然は動物同様に「征服」の対象であり、これが縄文文明の「調和」との根本的違いとなっていった。宗教も「人為的一神教」と「自然的八百万《やおよろず》の神々」と対照的になった。

しかも自分たちの信じる神以外の人々は、聖書にある「川の向こうの人々」として、自然とまったく同じように「征服」（虐殺）の対象にすることができた。

近代の悲劇は、彼ら「西欧」、特に「アングロ・サクソン」人たちが、食糧や資源を求めて、豊かな地域に進出したことである。戦いに勝利した西洋の歴史では、それを「近代化」「帝国主義」と呼んで正当化している。負けた民族は、「植民地」として教育を通じて古来からの民族語を征服民族の言語に置き換えられ、アイデンティティを喪失し、民族の心・集団意識を歴史に埋没させられていった。

なにしろ武器も戦いもなく、民族によっては「にくしみ」や「ねたみ」の言葉さえなかった、平和に自然と共生していた島々や地域に、武器と軍艦で侵略していったわけである。まさに子羊の群れの中にオオカミを放つに等しい。

まず、スペインやポルトガルが「発見」した土地を即「領有化」していった。これにオランダや英国、フランス、イタリア、さらにドイツ、米国が続いていった。

この世界の「植民地化前線」は東回りと西回りとなり、やがてその二つの前線が欧州の真反対の日本で落ちあうことになった。

近代日本成立のカラクリ

ここから日本の幕末および明治維新が始まる。

その幕末の日本に来て、異人たちが驚いたのは、人情溢れる「わかちあい」「いたわり」

「おもいやり」の庶民生活である。農業も完全有機リサイクル栽培で、農民自体も非常に豊かである。母国欧州では、農民階級は未来永劫「農奴」として固定化され、藁葺《わらぶ》きの小屋の中で雑魚寝《ざこね》している。日本ではその農民や町民たちが、西欧では貴族や王族しか使えない陶磁器を日常の食事で使い、印象派の原点となった浮世絵を茶そば1杯の値段で売り買いし、和歌・俳諧《はいかい》を自分で詠んで巻物に達筆で書いている。

そして、このようなパラダイス社会を、現実的に運営しているのが、武力を持った誠実な「サムライ」たちであった。これまで植民地化していった島々、地域との根本的な違いが、この「武士階級」の存在とも言える。その中心が「江戸幕府」である。

これまでのような武力での制圧・統治は、日本では不可能である。米国のペリーのように黒船（軍艦）4隻を持ってきても、実際に上陸して統治することができる人数は非常に限られる。有事には命をすてて公のために働く誠実な数百万人にもおよぶ武士と日本刀の波のなかでは、すぐに埋没してしまう。とても彼らの金儲けのための統治は不可能である。

つまり、日本社会そのものを、金融支配できる体制＝「お金の力でヒトの心を売り買いできる社会」に変革しなければならない。お金のいらない「おもてなしの心」から、お金がなくては生きていけない「エゴ」の社会にしなければならない。このために、ヤマトごころ、武士道精神、つまりその体現者である武士階級をなくさなければならない。その象徴である江戸幕府は、必ず倒さなければならない。

ここで坂本龍馬を使い、薩長連合で、毒をもって毒を制させたわけである。もちろん日本という市場で「お金儲け」しようとする「帝国主義者」から見た「誠」という毒である。やがてこの「カラクリ」に気づいた坂本龍馬は、暗殺されるわけである。

ちなみに、欧州では皮肉にも、この自由で文化的生活をおくる江戸町民社会が、浮世絵などから学んだゴッホたちによって紹介され、自由市民革命の原点となった。その浮世絵は、江戸幕府公認の歌川派が主体であった。

ところが江戸幕府を否定してむりやり政権を奪取した明治の為政者たちはこの事実を否定しなければならない。しかし、欧米には浮世絵の素晴らしさがすでに伝わっている。そこで本来の浮世絵界では無名の「歌川」広重を「安藤」広重と名乗らせて、重用したわけである。「正統派歌川＝江戸」の否定の構図である。

特定の権力グループが自己の勢力拡張のために芸能界を牛耳って、自己の組織に関連するタレントをプロパガンダに使う。こういうところにも明治維新以降の文化的マインドコントロールを見ることができる。

実際に2012年の1月、顧問をしている東《あずま》藝術倶楽部の勉強会で歌川国貞と安藤広重が富士山を描いた場所に行ってみた。同じ場所で書いているので、2人が書いた浮世絵を持参しての現地勉強会である。実際の富士山と2人の絵を見比べて、その絵画力の差に愕然《がくぜん》とした。広重は現地に行ったことがなく、国貞らの絵から描いたものがあると聞いたことがあったが、あらためて納得した。正統派歌川に比べてへたっぴである。

その歌川派を再興したのが、世界の文化レベルで「江戸見直し」のきっかけをつくり、2011年には未来型新素材「ナノホーン」の大量生産に世界唯一成功した五井野正博士である。自身、歌川正国として描いた絵が、エルミタージュ美術館で大絶賛を浴びている。

しかも不思議なことに、五井野博士はエルミタージュで個展を開いたことのある現存する世界唯一の画家として国際的な評価を得ており、ロシアの小学校の教科書にも載っているにもかかわらず、日本では彼についての報道はいっさい「禁止」されている。

「誰が」「何のために」、日本の外交上の切り札としても活用できる五井野博士の功績を封印するのだろうか。これらの「真実」が白日のもとに晒《さら》されるとき、戦後日本を覆っている闇が消え、マインドコントロールが解かれるときでもある。

そういう意味も含め、ぜひ歴史的マインドコントロールを解くために、世界に誇れる日本の芸術品である浮世絵の勉強からおすすめしたい。

世界金融資本体制に抗え

話をまとめよう。これまでの大きな歴史の流れから言えることは、日本では明治維新以降、日本を市場として、つまり世界金融支配の「金のなる木」「働き蜂」とするために、縄文の心からつながるヤマトごころ、武士道精神を喪失させようとする力が働いている。

それは、明治政府を見るまでもなく、世界金融支配体制の軍門に下った「上から」のさまざまな施策で行なわれてきている。

この「エゴの毒」が、上から徐々に浸透してきて、いつのまにか日本を破滅的な大東亜戦争に突入させた。

そして戦後、ＧＨＱの支配下、プレスコードで操られたメディアによって、「エゴの毒」は一気に日本社会全体に急速に蔓延《まんえん》させられたと言える。

今、この毒から日本は抜けきれるのか。きわめて重大な岐路に差しかかっている。

ただし、光明はある。日本以外の被支配国が民族の母国語を喪失させられたのに比し、日本語を英語に換えることはできなかった。１５０～１５００ヘルツの周波数帯で発声される母音の日本語こそ、感性で自然と一体化できる世界唯一の言語である。この言葉を正しく使うかぎり、ヤマトごころと武士道精神の復活もありうるだろう。

私は、自衛官現役時代に意を決して『マインドコントロール』（ビジネス社刊）という書物を出版した。そのなかで、世界の真実を見るポイントとして、その人がどの「グループ」に入っていて、さらに「お金」が最終的にどこに集まるのかを見ること、と指摘していた。

すなわち、

①けっして表に出ることなく、世界を裏から動かしている真の支配者グループ
②真の支配者グループから直接指示を受け、表の世界で実際に動く権力者グループ
③真の支配者を知らず、表の権力者のために働く（または働かされる）グループ
④上記の構造などいっさい知らない普通の人々（いわゆる働き蜂・世論を形成）
⑤上記の構造を熟知したうえで意識向上し、世界をよくするために活動する人たち（有意の人）

要するに、「お金」の力で人の「心を支配」する体制を「世界金融支配体制」という。その頂点で現実的に活動する組織として、国際通貨のドル紙幣を、「市民」銀行でありながら発行している合衆国憲法違反の連邦準備制度に代表される巨大国際金融（銀行）機関がある（けっして中央銀行ではない）。

彼らは、兵器、エネルギー（石油、ガス、原子力など）、食糧、医薬品、水などの世界企業を通じて、④の普通の人々を「劣化」させ、その人口を「削減」しながら、彼らが実体経済で働いたお金を吸収する。その構造の枠組みをつくっているのが、②の米国大統領たちであり、③の日本の為政者たちである。

彼らの究極の目標が、①の一部のエリートによる「ＯＮＥ　ＷＯＲＬＤ　ＯＲＤＥＲ」、世界統一政府樹立である。それは、一部の裕福な支配者とそれを守る軍事・警察組織、そして保健医療にもかかれない貧困の大衆に二分化された「究極の奴隷的警察監視国家」となる。黒と赤の色の違いはあるとはいえ、米国と中国がまさに今この方向に進んでいると言える。

現在、世界各地で起こっている大衆運動は、この「異常性」に気がつき、目覚めた人々の活動と見ることができる。もっとも完璧にメディアによって情報封鎖されている日本では、この情報もほとんど流れない。

この観点から見ると、日本の為政者、官僚、メディア界のなかに③のグループがいることがわかる。たとえば、日本メディア界のドンでもあった正力松太郎氏はＣＩＡ工作名ポダムであった。現在のポダムは誰なのだろうか。いずれにせよ明治維新では、政権を握ったなかに③のグループの者たちがかなりいたわけである。

しかしながら、当時の日本は、農村を中心に人情豊かな社会が残っていた。兵隊たちや海外開拓者もこの農村出身者がほとんどであった。だから彼らが進出したパラオなどの太平洋諸島や、台湾、韓半島、満州、東南アジアなどでは、土の文化の特性である土壌のなかに種を植えることを教えていき、さらにまじめで誠実に働く生き様を通じて、生活・社会基盤そのものを変革、向上させていった。

彼らが、それぞれの地域で、数百年続いた植民地主義・従属的敗北主義であった被支配者意識を一掃させ、新たな国民国家形成の原点・原動力となったのである。なかには、敗戦後も現地に残り、ともに解放軍として生涯を捧げた日本軍人たちがいる。

だから、自衛隊がＰＫＯでカンボジアに行ったときに、日本の自衛隊には手を出すな、という意識が現地の人々に働いたわけである。

もっともその一方で、③のなかの財閥や軍閥たちが、徐々に本来の日本のおもてなしや誠実の文化を破壊していったことも忘れてはならない。

軍隊内でも鉄拳制裁など、現自衛隊では絶対的にありえない。

かつての松下村塾でも、先輩が後輩を殴って指導することなど聞いたこともない。人間性理解に基づく心の深い探究なくして自意識向上などありえない。

究極の命をかける軍組織であるがこそ、上級者のふだんからの高い人間性が部下の心をつかみ、任務遂行に邁進《まいしん》させるのである。それが本来の日本の軍の姿なのである。明治維新以降、江戸を否定し、西欧化を取り入れたことによる軍隊という閉鎖社会での権力者たちの「ヤマトごころ」「武士道」の喪失と思われる。

特に、米国留学者であった山本五十六《いそろく》元帥のハワイ奇襲作戦を美化する映画などがなぜ今つくられ大々的に上映されているのか、隠れた意図はないのか、しっかり見極めてほしい。

実は、第2次世界大戦を通じて、米国にとって最大の日本人功労者が、山本五十六なのである。彼は、70歳くらいで羽田から帰国し、90歳くらいまで余生を日本で過ごしたという「うわさ」が出るくらいに、アメリカ、というよりも①の世界金融支配体制者にとって最大の貢献者であった。

なぜなら米国には中立法があり、かつ不戦の選挙公約で異例の大統領選3選（後に4選）を果たしたルーズベルトにとって、ハワイ奇襲なくして米国が欧州での戦争に参加する道はなかったのである。

もちろん日本がエサ（ハワイ停泊中の米国「西海岸」艦隊）に食いつくように工作したことも今ではわかっている。いずれにせよ、山元五十六のハワイ奇襲が、米国金融支配体制者の懸案をいっさい排除してくれたわけである。

戦争は、①の世界金融支配体制者たちにとって、最大の金のなる木である。彼らの世界支配の体制強化になるかぎり、勝敗も国家の存亡も問題にはならない。

有名な史実として、石油のなかったドイツ機甲軍団が、なぜあれだけ動けたかの秘話がある。ドイツは、中立国であった南アフリカ共和国の石油会社から石油を輸入していた。その会社が、実はドイツ空軍から空襲を受けていた英国女王の会社であった。女王こそ、①のメインメンバーであった。戦争が長引き国家が疲弊《ひへい》するなかで、①にお金が集中し、莫大な資産となり、さらなる支配のための高度の技術を開発する。エシュロン・コンピューターネット監視システム、プラズマ兵器、地震兵器などはこれにあたる。

エゴ的資本主義者となった彼らは、まるで地球におけるガン細胞のようになっている。

ところで植民地からお金を集める方法も現地の特性によってさまざまある。

石油などの資源なら直接軍隊を使って支配下に収める。近代化させるなかで、さまざまな「モノ」を売るという方法もある。日本のように高度に発達した国には、絶対的に償還しない「ドル国債」を売るという手段が用いられる。

さらに、遺伝子操作作物・F1種・化学肥料・農薬による食糧、化学医薬品、原発、サービスなどで「劣等民族」を「病弱化」させ、その人口を「削減」しながらお金を集めることもできる。

こう見てくると、日本にハワイを奇襲させたはいいものの、日本によって彼らの金のなる木であった東南アジアの植民地を「解放」されたことは、絶対的に赦《ゆる》せないものであった。

特に、ドル決済から円決済になった時点で、日本は最大の脅威となった。また、日本が進出した地域のみならず、世界の被支配民族が、日本から勇気をもらって戦後独立に立ち上がった。戦前の日米開戦前までは、アメリカの黒人解放運動指導者たちが、日本軍にエールを送っていたほどである。

ここでこれまでの「流れ」から、重要な「真実」に気づかれたと思う。

①縄文文明から発した自然との共生の民族が世界に拡がっていた。

②16世紀以降、西欧人がその地域を植民地化していった。

③日本が立ち上がったことにより、被支配の人々が本来の独立に「回帰」した。

日本は、世界の雛形という。それは、この人類の「流れ」そのものから来ているのである。

この流れがわかると、太平洋戦争で日本軍を完膚なきまで叩き、国際法に違反して135の主要都市を徹底して空襲し、ポツダム条約受諾を中立国であるスイスを通じて通告しているにもかかわらず、タイプの違う究極の殺人兵器・原爆まで使って広島、長崎の市民を虐殺した意図がよくわかる。また、地震国家日本に原発を54基も置いていった理由も納得する。

所詮《しょせん》、アメリカは愛国心などない①の世界金融支配体制者たちが、金儲けのためにつくっている国である。そこまで言わずとも、この流れのなかで、わずか300年前に本来の国民であるインディアンを武力制圧してつくった人工国家である。

日本人に、本来のこの「流れ」を絶対的に自覚させてはならない。その根本が自然との共生の「ヤマトごころ」であり、誠の「武士道精神」である。

すると、戦後GHQを使って、日本が二度と彼らの「究極の目標」である世界統一政府樹立を邪魔できないように、いかに新生国家・日本をつくっていったか理解できるであろう。

占領国が被占領国の法律を改定してならないのは、ハーグ国際法の基本原則である。これを無視して、アメリカは憲法改正というより彼らがつくった憲法を押しつけ、国際法違反の東京軍事裁判を行なった。さらにプレスコードに基づきメディアを利用して情報操作を行ない、日本を新たな形の植民地化していった。米軍占領の7年間は、まさにこの「国家改造」の歴史的実験でもあった。

本来ならば、独立を回復した1951年のサンフランシスコ平和条約締結時をもって、日本は独自の本来の憲法体制へ移行すべきであった。しかし、そのときにはすでに日本人からその独立心が消えていた。

逆に、ドイツでは独立回復後、ただちに新生憲法を制定した。そのドイツでは新国軍が、NATO軍の主力として欧州防衛の要《かなめ》と評価を受けている。

かたや日本では、自衛隊がPKOで派遣されるときも、任務遂行のための武器使用さえ認められない。このため眼前で危機に瀕《ひん》する邦人さえ自衛隊は助けることもできない。

こういう法律をつくる日本の為政者たちは、国際感覚からすればまさに世界の物笑いの種である。もっとも①の真の支配者たちにとっては、最良の使用人であろうが。

こう見ると、日本の政治家たちが、選挙公約を平気で破り、①の方向にお金が流れるような政策をあえてなぜ行なってきたのか、理解できるであろう。彼らは日本国民の公僕でなく、①の奉仕者である。

ところで、日本国憲法9条には、「戦争放棄」と「陸海空軍の戦力」保持の禁止をうたっている。軍なき独立国家は、独立国家とは言えない。

憲法9条はつまり米軍が日本軍の肩代わりとして永久に居座るための条項と言える。そうなると日本は永遠の植民地となる。

そこで日本側が憲法9条の2項冒頭に「前項の目的を達成するため」という「芦屋修正案」を入れたわけである。

これは、国権の発動たる戦争、つまり宣戦布告を発しての戦争はしないが、国家存立のための自衛戦争は行なうことができるようにしたものである。この芦屋修正があったからこそ、のちに自衛隊が発足できたわけである。

ちなみに、大東亜戦争は日本にとっては自衛戦争であったことが、米国上院外交委員会でマッカーサー自身が証言している。自衛戦争では、国際法上、宣戦布告はいらない。こういう史実も日本人には流れない。

いずれにせよ、憲法の公布は昭和21年（1946年）11月3日である。警察予備隊の発足が昭和25年（1950年）、自衛隊としての発足は昭和29年（1954年）である。憲法のなかに、自衛隊のことがまったくないのは成立経過からも当たり前である。ましてや、この当時は、自衛戦争さえも考えないような「押しつけ」がベースにある。

一方当時は、大陸に共産主義国家という新たな脅威が現れ、昭和25年（1950年）に朝鮮戦争も勃発《ぼっぱつ》し、冷戦構造へと入っていく時期であった。

もっともこの「共産主義国家」そのものも、①の世界金融支配体制者たちが、裏からつくっていったものであることが、現代ではわかっている。「二つの対立者」をつくり、争わせることにより、裏では双方から利益を得る。これが彼らの「基本ポリシー」である。

これが現代は、中国vs.米国としているのである。

こういう意味でも、この争いに日本はいっさい加担してはならない。早く米軍に日本の基地から出て行ってもらうぐらいの「自覚」と「独立心」が必要である。

でないと、いつまでも米国の金融植民地であり、まじめに背中に汗して働いたお金を取られ、あげくに中国からの攻撃の対象となりかねない。現に今も中国の50発の大陸弾道弾ミサイルが日本の主要都市に照準を定めている。ODA（政府開発援助）の見返りに、その狙いを外す交渉をぜひ日本の為政者に行なってもらいたいものである。

いずれにせよ、アメリカは日本人が真の日本人としての意識を回復しないように、本来の歴史を完全に抹殺し、義務なき個人権利主張教育を行なう。軍事関係はいっさいタブー視させる。つまり、対外脅威は「米軍駐留」で対処し、日本はひたすら「金のなる木」として成長させたわけである。

自衛隊も、この枠内での存立が認められた。装備ももっとも高価な戦闘機などは、自主開発を認めず、すべて米国製を購入させた。行政に関する分野は、内務官僚出身者の「内局」が一手に引き受け、「制服」の上に置く。国会答弁もすべて、内局の部員が行なう。特に、「陸」に関しては、全陸上自衛隊を運用する司令部である「総隊」を認めない。

いわゆる日本の歴史と国民から「孤立」させられたような形で自衛隊が発足し、成長してきたわけである。私自身、防衛大に入校したときから、自分たちは旧軍とはいっさい関係のない、つまりこれまでの日本の歴史とはいっさい関係のない新国軍の将校になるんだ、と意気に燃えていたものである。

世の中、起こることはすべて、必然・必要・ベストということが言われる。考えてみれば、いっさいの「利権」つまりお金儲けの視点から自衛隊、特に「制服」が遮断されたところに重要な歴史の鍵があったのかもしれない。

自衛隊の日常は、日々まじめにコツコツと誠実に訓練することにある。これが各軍管区独立採算性の中国なら、日々いかにお金を稼ぐかに堕する。

天台宗の比叡山延暦寺には千日回峰《せんにちかいほう》という究極の修行法がある。毎日、厳しい山を駆けめぐる荒修行である。人里離れた山奥で荒修行を積むうちに、ふと悟りの心が湧く。

実は、自衛隊の日常訓練もこれと同じである。日々厳しい訓練を積み重ねることにより、自衛隊という集団意識に、戦後行き場を失っていた「ヤマトごころ」、「武士道精神」が宿り、復活したのではないだろうか。

それは、純粋に国を思う心で殉死した若き特攻隊員たちの「魂」そのものかもしれない。なぜなら肉体は滅びても、魂は永遠に成長発展するからである。

「国という集団意識」も同じと思う。世界の雛形として、本来の自然との共生、誠実な生き方をいざというときなどに見せることにより、人類意識を覚醒、向上させる役割が日本人にはあると思う。

3・11に関連した日本人の行動はまさにこれではなかったか。

米国統治下で、その役割を封殺されている日本で、自衛隊にはその「意識体」が宿り、成長発展してきた。これこそ、「歴史の奇跡」かもしれない。

しかも、その意識が人類からなくなれば、またムーと同じように滅びるしかない。それを体験上わかっている「大いなる意志」が、自衛隊をバックから支えているのかもしれない。私は、自身の体験からそう確信している。

つまり、日本で失われつつある「ヤマトごころ、武士道精神」を体現し、社会に広めるところに、「自衛隊の歴史的意義・役割」があると思われる。

第3章

マインドコントロールを解く真実とは

～素顔の自衛隊員たちを見よ～

日々「修練」が自衛官の日常

「自衛隊ってふだんなにしているの？」

3・11東日本大震災・災害派遣の活躍で国民の圧倒的な理解と支援を受けたものの、身内や友人に自衛官がいないかぎり、一般の方は、日常、彼らが何をしているのかまったくわからないと思う。

自衛隊側でも、広報の重要性を深く認識して、さまざまな広報活動を展開してきた。しかしながらこれまで見てきたように、戦後の教育のなかで軍事に関することはタブーとなり、自衛隊についても学校ではいっさいまともな教育はされてこなかった。

と言うよりも、社会科教科書のなかで、近代史以降、特に戦後の記述自体が非常に少ない。しかも教育自体が、受験のための左脳記憶教育となっていて、歴史もただ年代などを暗記させるだけで、「流れ」など全体的な考察をさせることもない。

では、大学でそのような研究をするかといえば、これまた必要な単位をとるだけで、大半の学生はバイトにいそしむ。しかもたとえば物理学をとってみても、相変わらずニュートン・アインシュタイン物理学で、プラズマ物理学などは教えない。

実は、日本の教育システム自体、日本人が目覚めないようにカリキュラムが組まれているのである。

戦後は特に、「いかに稼ぐか」という「個」の「利益追求」に日本社会全体が意識を向けられている。

人生における「人間性向上」「人格陶冶《とうや》」という人間存在の意義はほとんど語られない。ましてや「霊性向上」など死語である。こういうなかでは、「国を守る」ことと同じ意識である「公」に「奉仕する」という意識も意図的に醸成されてこなかった。

だから、自衛隊の広報関係者が奮闘しても、せいぜいＰＫＯなどの出国や帰国、あるいは中央観閲式とか総合火力展示演習、音楽祭りなどに際し、あるいはたまにレンジャー訓練などイベント的なものがマスコミの意向に添って流されるだけであった。

その一方で、事故、不祥事など、自衛隊のマイナスイメージを醸し出す事案は大々的に報道されてきた。もっとも日本のＴＶの報道番組では、商業主義＝局の金儲けの観点から視聴率をアップすることに主眼が置かれているので、そのコンテンツにはどうしても特異な事件など、日本人の意識を下げるマイナス的なもの、あるいは娯楽的なスポーツ・芸能関連が多くなる。

いずれにせよ自衛隊がニュースに流れるのは、たまの災害派遣のときか、事故、不祥事が生じたときである。もともと受け取る国民側が、軍事に関することはいっさい教育を受けていないので、なおさら日常の自衛隊の活動などはわからないのが当たり前なのである。

そこでこの章では、1章の3・11フクシマで活躍した隊員たちがふだんどのような「仕事」をしているのか、体系的にわかりやすく説明するとともに、その素顔も紹介したい。

ズバリ、通常の自衛官の「仕事」は、日々「資質」すなわち人間性を養い、「知識」を高め「技能」を磨くこと、「鍛錬」すること、つまり「教育訓練」を受けることにある。しかも、彼らは年度周期の訓練計画に基づき、厳正に時間単位でスケジュールを管理している。

いわば、地球が永久《とわ》に365日で太陽を1回転しながら地上のあらゆるモノを育み成長させるように、自衛隊も永久的に年度ごとの訓練周期を繰り返すなかで、構成員をつねに入れ替えながら、個人を成長させ、部隊の精強化を図ってきている。

つまり在籍して仕事をすること自体が、修養であり、人間性を高める機会となる。まさに武士道の修行そのものである。その成果が、災害派遣や国際貢献、民政支援などで発揮されているわけである。

ここで自衛隊の任務をまとめておこう。

自衛隊の任務には大きく次の三つがある。

❶日本の防衛

自衛隊のもっとも大切な役目は、日本の国民や領土・領海・領空を侵略から守ることにある。まずは侵略を受けないようにふだんからの外交努力などが大切である。

しかし万が一侵略を受けた場合のことを考え、自衛隊は国を守るために、必要な装備を備え、「訓練」を重ねている。

❷さまざまな事態への対応

地震や水害や雪害などの自然災害が起きたとき、また大きな事故やテロなどによる事件が起きたとき、自衛隊は、その組織や装備、能力を生かして、救助活動、復旧活動を行なって、国民の命と財産を守る。また、日本の海や空をいつも注意して見張り、日本に脅威がおよばないようにしている。

❸安全保障環境の改善への取り組み

防衛省・自衛隊は、国際的な安全保障環境の改善に積極的に取り組むことで、日本に脅威がおよびにくくしようと考えている。世界の安全と平和は日本の安全と平和にほかならないからである。

これには、「国際平和協力活動」（ＰＫＯ）と「防衛交流」がある。

このなかで、国際平和協力活動は、「国際平和協力法」「国際緊急援助活動法」「イラク人道復興支援特措法」「テロ対策特措法」のもとで行なわれる。
具体的には、

・国際平和維持活動に対する協力

これまでに、カンボジア、モザンビーク、ゴラン高原、東ティモールに部隊を派遣し、けがや病気の治療、輸送、道路の修理などを行なった。

・人道的な国際救助活動

ルワンダ難民救援、東ティモール難民救援、アフガニスタン難民救援、イラク難民救援・被災民救援に部隊を派遣した。

・国際緊急援助活動

海外で大規模な災害が起きたときには、その国からの要請に応じて援助活動を行なう。陸・海・空の各自衛隊が、緊急の場合にすばやく対応できるように、ふだんから準備している。これまでに、ホンジュラスのハリケーン災害、トルコ北西部地震、インド地震、イラン南東部地震、インドネシア・スマトラ島沖大規模地震およびインド洋津波で救援活動を行なっている（以上防衛省WEBキッズサイトより抜粋）。

自衛隊の教育訓練は、法令に基づき、効率よく体系的に行なわれている。災害派遣の主力となる陸上自衛隊の場合、「陸上自衛隊の教育訓練に関する訓令」に基づいて行なわれ

自衛隊の役割の拡大

年	主要事象
91	●雲仙普賢岳噴火に伴う災害派遣
92	●カンボジアPKO派遣
93	●モザンビークPKO派遣
94	●ルワンダ難民救助隊派遣
95	●阪神・淡路大震災に伴う災害派遣 ●地下鉄サリン事件
96	●ゴラン高原PKO派遣
98	●北朝鮮によるテポドン発射事案 ●ホンジュラス国際緊急援助隊派遣
99	●能登半島沖不審船事案 ●東海村臨海事故
00	●有珠山噴火に伴う災害派遣
01	●インド国際緊急援助隊派遣 ●テロ対策特措法成立 ●九州南西海域不審船事案
02	●東ティモールPKO派遣
03	●武力攻撃事態対処法成立 ●イラク人道復興支援特措法成立
04	●イラク人道復興支援特措法に基づく自衛隊部隊派遣 ●新潟県中越地震に伴う災害派遣 ●スマトラ沖大地震及びインド洋津波被害に対する国際緊急援助隊派遣
05	●パキスタン国際緊急援助隊派遣
06	●インドネシア国際緊急援助隊派遣
07	●ネパール軍事監視要員派遣
08	●インド洋後方支援 ●スーダンPKO派遣
09	●ソマリア沖海賊の対策部隊派遣
10	●ハイチ安定化ミッション ●東ティモール総合ミッション ●ハイチ国際緊急援助活動 ●パキスタン洪水派遣
11	●南スーダンPKO派遣 ●3・11東日本大震災に伴う災害派遣

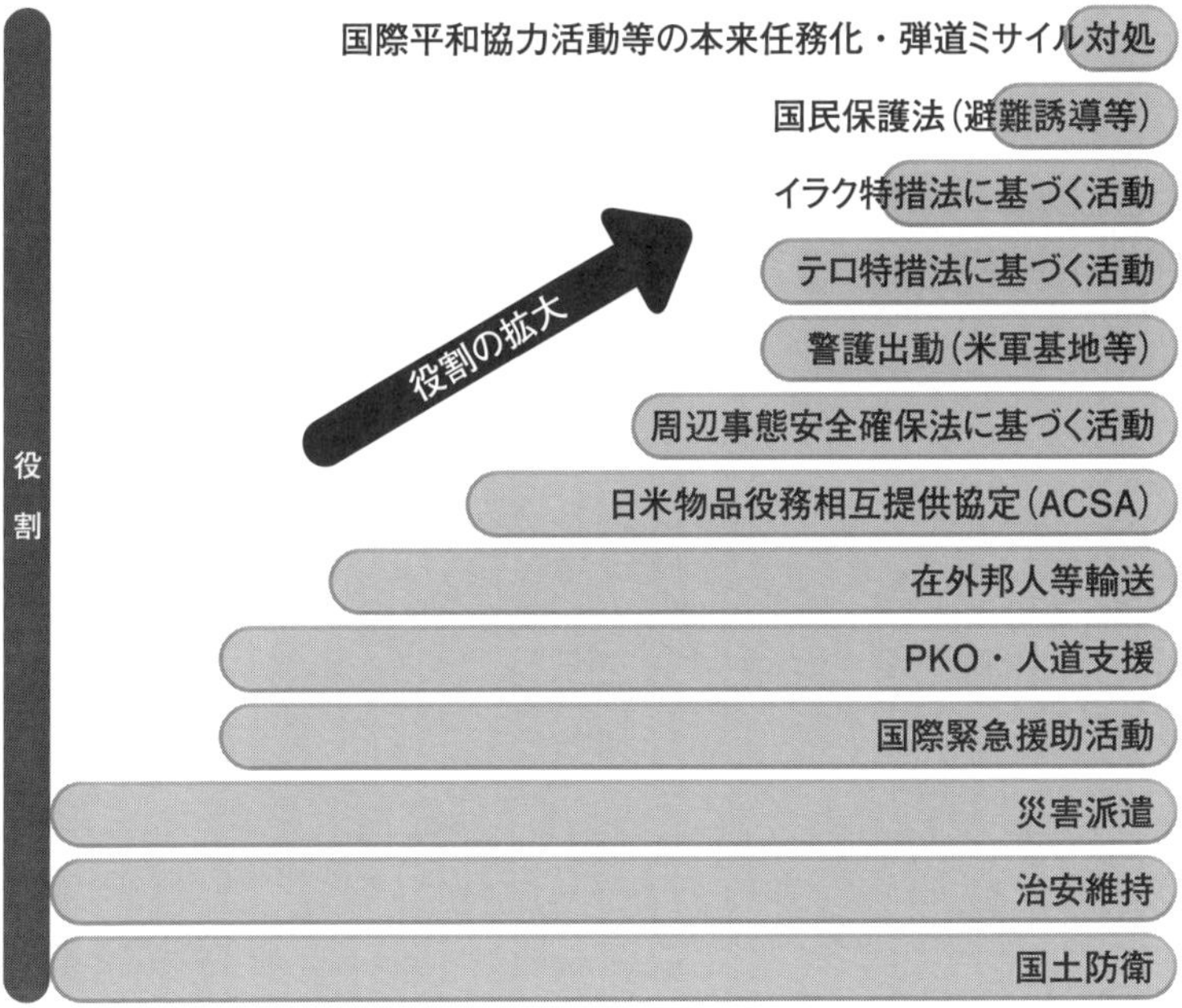

ている。

そこには、教育訓練は「隊員および部隊等をして自衛隊の使命に基づき、その任務を完全に遂行できるようにすることを目的とする」とされ、さらに「基本教育」と「練成訓練」の区分により行なわれるとしている。

「基本教育」とは、いわば学校や教育隊などにおける隊員個々の課程教育あるいは集合教育である。その目的は「隊員に対し、隊員としての必要な『資質』を養うとともに、部隊等における職務遂行の基礎となる『知識』および『技能』を修得させること」にある。

この基本教育は、「陸士」「陸曹候補者等」「准尉および陸曹」「幹部候補者等」「幹部」の階級ごとに、その実施基準を定めて行なわれる。個々自衛官の成長にともないつねに基本教育が待っているわけである。

たとえば、18歳で任期制隊員（2等陸・海・空士として任官した自衛官のこと。陸上が2年、海上・航空が3年の任期）としてはじめて自衛隊に入った場合は、まず全員必修の「自衛官候補生課程」に入って、隊員としての「資質」を養うとともに、各職種共通の基礎的な「知識」および「技能」を修得する。そして自衛官に任用された場合に、引き続き「新隊員特技課程」に進む。さらに選考されたものは「陸士特技課程」で各職種の専門教育を受ける。

最後の幹部の段階においても、全員必修の「幹部初級課程」「幹部上級課程」ののち、選考試験に合格したものには「幹部特修課程」「指揮幕僚課程」がある。さらに上級職に就くため「幹部高級課程」「技術高級課程」「幹部特別課程」に選考される。

また陸上自衛隊には、普通科、機甲科、特科、航空科、施設科、通信科、武器科、需品科、輸送科、化学科、警務科、会計科、衛生科、音楽科、情報科の15の職種（兵科）があり、通常課程教育はそれぞれの職種ごとに行なわれる。さらに、それぞれの職種のなかで不発弾処理など特別な技能と知識が必要な場合に、基準に達したものに「特技」を付与している。この特技を修得するために、それぞれの階級に応じて、「特技課程」あるいは「特技集合教育」も行なわれる。

つまり、自衛隊に入隊すると、その努力と能力に応じて上位階級に上がれるチャンスがあるとともに、それぞれに応じてキチンと教育がなされる。私自身、15歳3等陸士で入隊以来、42歳で最終課程である統合幕僚学校を卒業するまでのあいだ、6個の課程教育を受けさせていただいた。

学生のみならず、自衛官のなかには基本教育にかかわる教官・助教、職員として携わる者がおり、さらに研究機関等に勤務している者もいる。したがって、定員14万5000人のかなりの要員が部隊を離れて教育に携わっているのである。こういう意味でもまさに、自衛隊は教育実践の場でもある。

次に、「練成訓練」は、部隊で行なわれる日常の訓練、すなわち皆さんが駐屯地で見かける自衛官の日々の「仕事」であり、「隊員の練度を向上するとともに、精強な部隊等を練成すること」を目的として行なわれ、「各級の部隊等において各個訓練および部隊訓練により実施するもの」とされている。

また、その実施にあたっては「部隊等の特性および実情に応じ訓練の進度を定めて実施するとともに、逐年訓練の内容を深めて部隊等の進歩向上を図るものとする」と規定されている。

ここで各個訓練は、「隊員に対し、部隊等の一員としてそれぞれの地位に応ずる『資質』並びに職務遂行に必要な『知識』および『技能』の向上を図り、部隊等の練成の基礎をつくる」ことを目的で行なわれ、「陸士、陸曹および准陸尉並びに幹部、必要に応じ事務官等の区分または職務配置等の区分に応じ実施」される。

要するに、同じ普通科中隊に所属していても、中隊本部班、小銃小隊、対戦車小隊、迫撃砲小隊では仕事内容が違ってくる。また、たとえば同じ小銃小隊でも、小銃手か機関銃手か狙撃手《そげき》では役割が違う。さらに一小銃手と、班長、小隊長、さらに中隊長では仕事がまったく異なり、その職務などの特性に応じて、訓練内容も違ってくる。たとえば、幹部の場合は、「幹部としての『資質』並びに統御、指揮法、教育法および部隊の運用等に関する『知識』および『技能』を向上させる」課目が行なわれる。

また陸上自衛官共通訓練として、毎年検定を受けて、階級・年齢などに応じた基準をクリアしなければならない課目もある。たとえば、「射撃」「体力」「スキー」「格闘（徒手および銃剣）」などの検定課目である。警察では射撃検定は一度合格すれば爾後《じご》行なわなくていいが、自衛隊の場合は毎年必ず行なう。制服の胸に輝く特級の射撃バッチを維持するには毎年合格しなければならない。当然、そのために課外に射撃予習訓練を行なう。

私も連隊長時代は、特級を維持するため執務室で壁に書いた小さな黒点を狙って寸暇を利用して拳銃の照準訓練をしていたものである。また、駐屯地にいるときは、体力検定（種目のひとつに3000メートル走がある）と格闘能力の維持向上のために、午後4時以降はつとめて、戦闘服装で駆け足をして、最後に得意の空手で「巻きわら」を突いていた。

さて、ここまで練成しての最終的な部隊訓練は、「部隊等に対し、厳正な規律、強固な団結およびおう盛な士気を保持させるとともに、部隊行動に習熟させ、その機能を十分に発揮できるようにすることを目的」として行なわれる。

また、上級部隊の訓練計画に基づき、「部隊等の編制区分にしたがい各級の部隊等ごとに、また所要に応じ訓練のため必要な部隊を編組して、部隊訓練基準に基づき」実施される。

この際、「連隊等以下の部隊訓練においては、各職種ごとに部隊運用上の基礎となる部隊（普通科中隊等）の訓練を重視してその練成を図るとともに、関係部隊との協同について訓練するもの」としている。

また、「戦闘団以上の部隊訓練においては、部隊の指揮運用および各種部隊行動等について総合的な練成を図るもの」としている。

さらに、「訓練の実施にあたっては、必要に応じ、海上自衛隊、航空自衛隊等と協同して訓練するもの」とし、「アメリカ合衆国軍隊と共同して部隊訓練を実施しようとする場合には、あらかじめ訓練の大綱を防衛大臣に報告し、訓練実施後すみやかに成果について報告するとともに、統合幕僚長に通知するものとする」と陸幕長に指示している。

ここで「部隊訓練基準」というのは、各部隊の特性に応じて、任務達成のために必ず到達すべき練成目標として明記されている。たとえば普通科中隊で、「攻撃」課目なら、「陣前に縦深100メートルの地雷原を有する敵陣地に対して、1日準備の後、攻撃して陣地を奪取できること」というように規定されている。この共通基準があるから、万一の場合、全国どこへ派遣されても同じ「戦力」として使えるわけである。この部隊訓練基準は、各職種・部隊の特性と、その部隊の有事の任務に応じて、キチンと定められている。

つねにこの能力を維持しているからこそ、どのような災害派遣でも任務完遂できるわけである。なぜなら、有事の防衛行動と違い、災害派遣では敵から弾が飛んでくることがないぶん楽だからである。逆から見れば、キチンとした有事の攻撃・防御などの訓練を行なっていれば、災害派遣の訓練などいっさい必要ないということである。

この弾の飛んでくる命をかけての訓練、つねに「戦死・損耗」を考慮した訓練をふだんから行なっていることが、警察や消防などの専門レスキューとの根本的な違いであり、最終的に自衛隊がどのような状況でも「任務完遂する秘訣《ひけつ》」なのである。

さらに、部隊訓練の最終段階では練度向上のために、定期的に厳正な「実施試験」が行なわれる。「訓練検閲」と言われるもので、その目的は、「部隊等の教育訓練の成果を評価するとともに、その進歩向上を促すこと」とし、「部隊等の長が訓練検閲基準に基づき」、「部隊等の一部に対し、毎年少なくとも1回、訓練検閲を実施するものとする」としている。

自衛隊では、「教えかつ戦う」ということがよく言われる。部隊練成の責任はその上級指揮官にある。たとえば、中隊長は指揮下の小隊の訓練検閲を行なう。その中隊長が次に連隊長の訓練検閲を受ける。連隊長は、最終的に連隊戦闘団として師団長の訓練検閲を受ける。

その師団長は、いざというときに「手駒」として使う貴重な3~4個の戦闘団の能力と特性を熟知し、適材適所で運用できるように練度向上を促すわけである。たとえば、防御に強い忍耐強い部隊もいれば、攻撃が得意な積極果敢な部隊もいる。その部隊の特性に応じて運用し、いざというときに戦うわけである。災害派遣やＰＫＯの場合も、個々の部隊の特性に応じて派遣任務、担当地域を考慮する。

ちなみに連隊戦闘団というのは、通常普通科連隊を基幹に、機甲（戦車）１個中隊、特科（大砲）１個大隊、施設（工兵）１個中隊、高射特科（対空）１個小隊などによって独立的に戦闘できるように編組されたコンバットチームで、総人員約２０００名ほどになる。この集団が、防衛行動の基本組織といえ、陸上自衛隊は、最終的にこの戦闘団を日々精強化するために、日夜教育訓練を行なっているのである。

また、訓令にも「部隊等の長は、射撃、体育等について部隊全員の技能の向上を促し、士気の高揚および団結の強化に資するために競技を行なうことができる」とされているが、自衛官は競技会に燃える。

陸上自衛隊でよく行なわれる競技会としては、「射撃（小銃、対戦車、迫撃砲）」「武装持続走」「銃剣道」「徒手格闘」などであり、北海道など積雪地ではこれに「スキー」が加わる。また海上自衛隊では「剣道」「空手道」も行なっている。

ようするに、これまで説明した練成訓練プラスこの競技会のための練習を「仕事」として日々行なうわけである。隊員によっては、課業外や休日も自主的に稽古《けいこ》する。自衛官としての「仕事」そのものが、千日回峰の修行だという意味が少しはおわかりいただけたと思う。

退官してしばらくしたときに、大学生を数日の合宿で鍛える人材育成の企業のトップに、そのPRビデオを見せていただいたことがある。トイレ掃除から大きな声での挨拶などを通じて確かに学生の意識も向上している。しかし私はまったく感動しなかった。というのも「自衛隊では当たり前のことで、しかも在籍のあいだずっと行なわれること」だったからである……。

自衛隊の教育は「心の徒弟制度」

さて、ここからが本題である。陸上自衛隊の日常の仕事である「教育訓練」がだいたいどのようなものか、おぼろげながらわかっていただけたところで、より具体的に説明したい。

訓令には、「検閲を実施する部隊等の長は、隷下部隊に対し訓練管理指導等を行なうものとする」と明記するとともに、「部隊等の長は、教育訓練に関し、年度教育訓練計画を作成する」、「各四半期ごとに期教育訓練計画を作成する」とし、さらに「教育訓練に関し、順序を経て陸上幕僚長に報告するものとする」とある。

つまり、「Ｐｌａｎ（計画）」「Ｄｏ（実行）」「Ｓｅｅ（検討）」の各段階で、検閲実施部隊長が指揮下部隊をキチンと指導する体制となっている。しかも、教育訓練の成果は全部隊・学校などが順序を経て陸幕長に報告し、陸幕長はこれをまとめて大臣に報告するとともに統幕議長に通報するようになっている。

たとえば、中隊レベルでは、その年の重視課目が「攻撃」と連隊から指示された場合に、年度の最終段階の中隊検閲に焦点を合わせた「年度課目構造図」をまず作成する。これは、1日8時間、週40時間で休祝日を引いた年間総時間に、各個訓練、部隊訓練、競技会、行政支援等々の各課目を体系的に組み入れたものである。「攻撃」ひとつとっても「行進」「宿営地での準備」「諸職種共同」「攻撃準備」「攻撃前進」「地雷原通路の開設」「突撃」「陣内戦」「目標確保」などの課目がある。課目により、2時間、4時間、8時間、さらに中隊の攻撃となると2夜3日の時間設定となる。もちろん訓練後の装備品の整備時間なども必要となる。

この課目構造図を「年度教育訓練計画」に反映するわけである。さらに、年度を4つに区分し、その時期の行事や特性に合ったより具体的な「期教育訓練計画」を作成、最終的には「週間予定表」で日々の訓練や日課を指示するわけである。

この週間予定表に載っている「課目」には、すべて「LP：レッスンプラン」つまり教授計画があらかじめ作成されている。これは基本教育も同じで、教授計画が年度の始まる前までに担当する教官によって作成され、学校長らの決裁を受けている。このLPがあるので、新任の教官なども最低限必要な教育や訓練が行なえるわけである。つまり伝統が継続され、さらに事後検討することにより逐一改善、内容も充実してくる。このように日々向上するようにシステム化されているところに真の「学校としての自衛隊」の価値もある。

一方、教育訓練の基盤である演習場は自衛隊の道場であるが、陸上自衛隊全部隊がこれらの野外訓練を行なうにはあまりも少なくて制約も多い。部隊ごとに駐屯地などを活用するものの、いずれにせよ割り当てられる演習場を最大限活用しなければならない。

そのためには、かなり前から綿密に人、モノ、カネの調整を行なって周到な野営訓練計画を作成する。特に検閲を実施する場合には、つとめて「実戦的環境」下で行なわなければならない。このために統裁部を編成し、対抗部隊を編成し運用する。このための「統裁計画」「対抗部隊運用計画」も作成しなければならない。

これらもろもろの計画を作成するのが、陸曹以上の「プロ」の「仕事」でもある。

もちろん初級陸曹のころは、体育科目など簡単な課目のLP作成であるが、中級、上級陸曹になるにつれ、班訓練、小隊訓練と徐々に複雑なLPの作成を任されるようになる。

幹部ともなると数年を経ずして中隊運用訓練幹部となり、中隊の年度教育訓練計画を作成する場合もある。さらに進むと、連隊や師団、あるいは方面隊でそれぞれの訓練計画を作成し、なかにはかつての陸幕運用1班のように、国家の防衛計画を策定する要員も出てくるわけである。

これまで主として教育訓練を主体に述べたが、独立的に行動できる自衛隊という組織として、物品管理、人事、兵站、情報、広報などの分野の活動やそれに応じた「Ｐｌａｎ：計画」「Ｄｏ：実行」「Ｓｅｅ：検討」もある。それも陸曹・幹部の「仕事」である。

こう見てくると、自衛官は平時においては、たまに外に出るといえば「演習場」であり、駐屯地にいると体育や簡単な訓練をしているか計画を作成しているのが日常。一般の方に、なかなか自衛隊の実情が見えないわけである。

しかしながら、このように体系的に見てくると、自衛隊の「仕事」をかなりご理解していただけたのではないかと思う。

特に、加齢とともに階級も責任も積み重なると、それ相応の統率のための「素養」と、職務遂行のための「知識」と「技能」も必要となる。そのために、階段を上がるごとにキチンと対応した「基本教育」の場が設けられているわけである。しかも「仕事」として。

さらに訓練管理の観点から見ても、陸上自衛隊は「個人目標管理」が充実している。一人一人にその年度の課目ごとの目標を設定させている。たとえば、各個訓練では、体力検定2級、射撃準特級、スキー上級指導官などがある。部隊訓練なら小銃班長としての行動、小隊陸曹としての職務遂行などである。

ちなみに、退官前になると、再就職のための「援護教育」が集合教育で行なわれる。

まさに入隊から退官まで、このように体系的に教育訓練が充実している組織は、世界的に見ても自衛隊しかないであろう。こういう意味でも、今や自衛隊は、「日本人」としての唯一の「国民学校」になっているのではないだろうか。

このような教育を受けた人材が、50代で退官していく。ぜひ、社会で活用してもらわなければもったいない。

まさに国民学校としての「場」が形成され、自然との共生のヤマトごころ、誠の武士道が宿るのが自衛隊である。

ここで、そこにはじめて入隊する人がどのような心の変化を体験してきたのかを紹介したい。

私は連隊長時代に、新隊員440名を受け容れて教育したが、わずか3カ月でこれまで人は変わるものかと私自身が感動していた。

「可愛い子には旅をさせろ」、「教育は形から始める」という箴言《しんげん》がある。イギリスの貴族たちの上流階級では小学校から全寮の寄宿舎生活をさせる。親元を離れた規則正しい「集団生活」が人間形成にもっとも効果的であるからだ。

新隊員入隊者は、通常入隊式の1週間ほど前に着隊させる。この間に、まずボサボサの頭を坊主刈りにし、供与された制服などに部隊章や階級章を縫いつけさせ、居室のベッドメイキングを教えたりして、生活基盤を準備する。トイレの掃除や本格的な靴磨きを生まれてはじめて経験する若者もいる。

そして、入隊式で部隊行動ができるように、「気をつけ」「休め」「敬礼」「徒歩行進」などの最低限の「基本教練」を実施する。

「気をつけ」とは、足をそろえる直立不動の姿勢だが、形だけでなく、あらゆる次の動作にただちに応じられる心構えを持たなければならない。それが目の輝きにもなる。目の輝きは、積極的な生き方にもつながる。

「敬礼」は、相手の目を見て、尊敬の気持ちを持って上官に行う軍隊での挨拶である。自衛隊の規則のひとつの「礼式」では、受けた上官の答礼の心構えまで書いている。

人は「人間関係」を通じて、心の成長を果たす。その人間関係づくりの基本中の基本が「挨拶」であり、自ら行なう積極的な「声かけ」である。

新隊員は階級的には最下級である。否応なく出会う先輩に敬礼しなければならない。また、自衛隊という「場」では、全員それが不自然さなく行なわれる。ようするに、人間関係づくりの「挨拶」「声かけ」が、形として自然に身につくわけである。

また、素晴らしい教官、助教だけでなく、数年先輩の陸士長が助手として24時間起居をともにする。人は身近に目標とする人、尊敬する人がいると成長が早い。人間教育は心の徒弟制度とも言える。こういう意味でも模範の教官、助教、助手制度が整っての集団生活が人を変える。

こうしてわずか数日、同期と集団生活するだけで、新隊員入隊者は大きく成長している。「男子三日あわざれば刮目《かつもく》すべし」

入隊式に参加されたご両親たちがもっとも肌で感じるようである。毎回、入隊式後の会食の場で、目の前にいる大きく成長したご子息に接して、微笑みながら涙ぐむご両親を見るたびに、こちらも感動をいただいていた。

こういう「効果」を期待して、最近は新入社員教育の一環として、まず自衛隊の「体験入隊」を希望する企業が多い。昨年は3・11大震災で実施できなかった。そのため、昨年の新入社員はあきらかに挨拶など、人としての基本的行動が、これまで体験入隊してきた先輩たちに比べて「できてない」と、企業の担当者からうかがった。

人はどのようなときに心が変容し、成長するのか、私の見た体験を紹介したい。

20代の終わり、私は京都・宇治市にあった第45普通科連隊に勤務していた。

そのときに日産サニーのコンパニオン120名の2泊3日の体験入隊の教官を命ぜられた。基本は、新入隊員の最初の3日間のようなものである。

「基本教練」と「露営」、つまり演習場でのテントキャンプがメインである。

当時は、昭和58年（1983年）のバブル景気真っ盛りであった。さらに、もともと京都という土地柄は典型的な「反戦」「反自衛隊」の土壌が強かった。入社してはじめての「仕事」が自衛隊での体験入隊と聞いて、入社を見送ろうと考えた人もかなりいたようである。ところが3日後の終了時点。いよいよお別れのときになると、「このロバ靴（戦闘用編み上げブーツ）が恋しい」「自衛隊が大好きになった」と涙する女性が多かった。

何がいちばん彼女たちの自衛隊観を変えたのだろうか？

通常、この教育は10名単位の班編制、助教2名、助手1名で行なう。助教、助手は彼女たちとほぼ同じ年代である。教育といっても、テントをつくるときなどは、実態は彼らが建てているようなものである。

演習場なので彼らがベニア板で簡易的なトイレもつくっていた。もちろん屋根などない。ところが、夕方から小雨模様になってきた。自衛官なら気になるような雨ではない。ところが、助教たちが一生懸命ベニヤ板を使って工夫しながら屋根をつくってあげた。さらに夜、テントの裾《すそ》の溝をしっかり掘って、中に水が入らないようにしてあげた。もちろんいずれも作業する助教たちは雨に濡《ぬ》れている。当時の装備品の「雨具」はすぐに濡れ手ぬぐい状態となったものである。

ちょうどレンジャー訓練もしていて、濡れネズミ状態になりながら訓練している姿を見て、彼らが万一のときには、いちばんはじめに現場に行く隊員だと知ったときに、一見無意味に見える訓練のなかに大きな意義を見いだしたようだ。

最後の懇談会での同社を代表した古庄弘子さんの言葉である。

「私は、自衛隊が好きではありませんでした。というよりも、自衛官を知らなかったと思います。今回、私たちと同じ年代の人たちが、私たち他人のためにずぶ濡れになりながらトイレをつくってくれたり、テントの雨から私たちを守ってくれている姿を見て、ありがたくて涙が出てきました。同じ若者が他人のために心から尽くす。考えさせられました。本当に来てよかったです。ありがとうございました」

人は、他人のために誠を尽くす姿に感動し、心を成長させていく。

ところで縁は異なもの味なものというが、この体験入隊を通じて、カップルが誕生することもある。実は、連隊長時代に連隊本部班の庶務陸曹だった信田曹長（現・久居33連隊広報班長・准尉）は、若い3曹時代に原隊の33連隊で体験入隊の助教を行なった。そのとき当時三重大学の学生として参加してきた女性と相思相愛の仲になったのである。彼女はその後、信田曹長の伴侶となった。

信田曹長は、非常に温厚でまた面倒見がよくて、上下からの人望もあり、庶務陸曹として連隊の陸曹団をよくまとめてくれた。彼が感情的になって大声を張り上げることなどいっさいなかった。しかしながら若いころは、銃剣道の猛者《もさ》としても有名で、全国大会でも常連で活躍していた。ナイスガイだったに違いない。奥さんのほうが惚《ほ》れて、大学卒業後、先生になる道を捨て自衛官の妻になることを決めたのである。

その後、信田曹長は銃剣道の試合で腰を痛め、大手術をして無理な運動はできなくなっていたが、准尉を目指すなかで、リハビリしながら持続走も完走している。

私は年末になると妻と下の2人の子どもを単身赴任の官舎に呼んで、単身の多い連隊本部要員を妻の手料理でねぎらっていた。このときに、妻の料理をみごとな包丁さばきで助けたのが信田曹長であった。しかも子どもたちに「カブトムシ」のおみやげまで用意してくれた。聞けば、カブトムシとクワガタムシの「専門家」で、本に書いてあるよりも詳しい。クワガタムシの話をさせたら2時間でも3時間でも「教育」してくれる。自衛隊に入って演習場でのクワガタムシとの出会いから勉強し始めたに違いない。また信田夫婦共通の趣味として本格的なマラソン（?）「レース」にも参加している。スピードレースでなく、完走予定時間を予告して走る安全レースである。

ようするに、衣食住すべて自立して行わなければならない自衛隊は、その勤務を通じ自衛官そのものに、さまざまな「特技」を身につけさせる。手打ちソバが得意な幹部もいれば、渓流釣りのプロもいる。スキー・ボードの指導員もいれば調理のプロもいる。もちろん射撃や武道の達人もいる。歌や楽器のプロもいる。信田曹長のように一人で多「特技」の陸曹も多い。それに、万一のことが念頭にあるから、妻や家族を大事にする。

ぜひ、結婚相手としておすすめしたい。

これから日本社会をよくすのは女性パワー、特に女性の口コミ・ネットワーク力だと言われている。自衛隊でも女性の活躍は著しい。その万一のときの底力を如実に見たエピソードを紹介したい。

私は連隊長時代に、師団「中級陸曹集合共通教育」を担任した。師団全部隊の2曹昇任者延べ426名に対して、部隊の中核である「軍曹」として必要な資質の涵養《かんよう》を主眼に教育したわけである。

その教育のメインは、約40キロの終夜行軍に引き続く演習場での小隊攻撃であった。参加者は全職種から来ているので、行進や戦闘行動に習熟した普通科隊員もいれば、まったく行進や戦闘行動に無縁の後方職種の隊員もいる。もちろん女性隊員もいる。それらを1個小隊3個班、1個班10名基準の小隊編成をつくり、小隊ごとに団結力で困難を克服させるのである。

とはいえ、真夏の訓練は夜間といえども厳しいので、衛生科の救護員を各小隊に配置し、万一に備え全体で救急車も支援させていた。連隊は、コア部隊と言って、基幹要員は常備自衛官であるが、その他はふだん社会人の即応予備自衛官である。そのため常備自衛官の救護員は限られる。こういう場合は、師団の衛生隊から救護員の支援を受ける。

このときに、紅一点で来てくれていたのが、連隊の所在する豊川市の隣の市である新城市出身の田中佑子（仮名）3曹であった。

実は、人事系統を通じ、彼女がわが連隊の衛生小隊に転属希望していることを知っていた。新城市の実家にお母さんが一人で住んでいるので、面倒を見たいという思いがある。ただ、東西南北、愛知から大阪、三重から石川までの2個師団区域をカバーしているコア連隊の訓練は忙しい。年120日は部隊を離れ、ときには数人単位で出張訓練を担当実施しなければならない。

それに、衛生兵というのは、実は世界共通で最強の兵士なのである。疲労困憊《こんぱい》かつ砲弾の飛び交う死傷者多数の戦場で、人を背負って安全地域まで運ぶことが衛生兵の仕事である。人一倍の任務遂行意志と体力を求められるし、かつ戦機を読む力、危機を避けるカンもいる。

女性にできるだろうかと不安を覚えた私には決心ができていなかった。

ところが彼女の仕事ぶりが私の心を揺さぶった。

真夏のアスファルト舗装の行進は、大量の汗をかき、靴下がずれて豆をつくりやすい。だから約1時間ごとの短時間の休憩時間に、初期段階でバンソコウを貼ったり、靴下を替えたりこまめな治療が必要である。ところが疲労が重なるとなかなか自分ではできないときがある。

彼女自身一緒に歩いているにもかかわらず、靴下を脱ぐ隊員のもとにサッと行き、至短時間にバンソコウを貼っている。汗で男性特有の股《また》ズレをおこしている隊員には、クリームを指先につけてやり、「あの木陰で塗ってきなさい！」と的確に指示している。

こういう支援を約10時間、徹夜で歩きながら行なったあとの最後の仕事が圧巻だった。予定時間にやや遅れたその小隊が演習場に着いた時点では朝陽がかなり強くなっていた。

もちろん全員必死で頑張っているのだが、「脆《もろ》さ」もあるのが現代若者の特徴でもある。先頭の路上斥候《せっこう》員が倒れると、連鎖反応のように20名を超える小隊員がバタバタと倒れてしまった！

いわゆる集団熱中症である。

このときの彼女の行動がすばやかった。

ただちに、先頭から順番に「診断」して、「すぐに救急車で病院へ！」「木陰で少し休ませて駐屯地の医務室の涼しい部屋に！」「この人は精神的にさぼってるだけだから、その木陰で寝かせるだけでいい」と、教官、助教や元気な隊員に指示したのである。彼女の迅速かつ的確な指示で、入院した4名も点滴後、翌日には訓練に復帰している。

すべての訓練終了後、人事を通じて彼女の連隊への転属をこちらから要望した。

こういう隊員たちが、3・11フクシマでも活躍してくれた。あらためてOBとしても感謝したい。


エピソードの最後に、私自身の素顔を載せたい。これまでの著書でも、講演でも触れなかった、私の「転換点」である。

そしてその最後に、私が連隊長時代に書いたエッセイを載せることにする。連隊長時代に、思い出の地、北富士演習場に連隊を率いて行ったときの物語である。

私は平成8年（1996年）8月から3年間、富士訓練センター準備室長として、コンピューターとレーザー銃を連携させ、かつ砲迫（大砲と迫撃砲）の砲撃、さらに地雷や手榴弾による損耗もリアルに付与できる世界初の「実戦的環境＝戦場」を提供できる富士訓練センターを完成させた。

建て前の防衛（行政）とは無縁の運用（作戦）の本音の世界で生き、口鉄砲と形式的な見せかけだけの行動でも成り立つ訓練では、万一のときに可愛い隊員が無意味な戦死をするとずっと危惧《きぐ》していた。だから急遽《きゅうきょ》準備室長の話がきたときに、「これは俺しかできない」との決意を内に秘めて富士にある同センターに入った。

その直前は、自衛官の最終教育課程である高級3課程の一つの統合幕僚学校一般課程に、陸幕運用1班での4年間の激務を終え、平成7年（1995年）8月から1年間入校していた。同期でははじめての5人の一人であった。

その入校した年の3月22日には、自衛官としてただ一人運用アドバイザーとして、警視庁の特捜刑事たちとともに上九一色村のオウムサティアンに突入していた。オウム事件は、陸上自衛隊が全面バックアップして解決したと言ってもいい。突入の日ははからずも私の40歳の誕生日だった。

統幕学校卒業後は、家族5人で米国の先任連絡将校として留学することも内定していた。そのために、中1の長男だけには英語をしっかり勉強させておいたほうがいいと思い、

100万円以上かけてNOVAに駅前留学もさせていた。私自身も授業の合間にNOVAに通っていた。その年の秋には、1佐の昇任内示もきていた。ところが一転、急遽米国留学も昇任も取り消しとなった。

アムウェイバッシングにかかったのである。

私の妻は生後まもなく母を亡くし、祖母が14番目の子どもとして、小さな愛媛の漁村で一人で育てあげた。名古屋の短大での自炊の寮生活やハードなバスケットの練習も災いしたのか、20歳で結婚したときには、体調を崩していた。切迫流産を繰り返すこと3回。私も偏頭痛が酷かった。演習で忙しくて夕食に間に合わないときには、天幕の中でおにぎりをつまみにビールを飲んでいたからであろう。

要するに二人とも典型的な現代生活習慣病の原因である必須アミノ酸、ビタミン、ミネラル不足であったわけである。独学で分子栄養学を学んだ私は、現代の野菜や素材では、これらの栄養が慢性的に不足することもわかり、完全な天然栄養補助食品を探した。そしてついに出会ったのが、世界唯一の天然の「ニュートリション」であり、アムウェイのネットワークでしか購入できないものであった。さらに、ネットワークビジネスと、いわゆるネズミ講的マルチ商法の相違点もしっかり勉強した。米国では、万一のときにはネットワークの友人が残った家族を経済的にも支えるアムウェイを海兵隊員たちが活用していることも知った。

日本では、健康によくない石油化学物質で安く大量に製品をつくって宣伝で売る大企業もある。健康と環境に最大限考慮した高品質のアムウェイ製品が流通すると経営的に支障をきたす恐れがある。このために、メディアや政界などを利用してアムウェイバッシングしたと思われる。

最近のホメオパシー・ジャパンバッシングや五井野博士の自然生薬GOPを封殺する構図とまったく同じである。

現代では早稲田大学や青山学院大学の経営学の教科書で、ONE TO ONEの時代を導く代表的な企業として、アマゾン、アムウェイ、DELLが紹介されている。

いずれにせよ、こうしてニュートリションを毎日キチンと食べるようになると、みるみる妻も私も健康になり、結局3人の子どもに恵まれるようになっていた。ちなみに現在は子どもは4人もいる。

そういう状況のなか、健康を害している友人たちにもすすめていたため、私は「黒幕」と見られたのである。処分などいっさいないものの、赴任先の富士学校の副部長から「2任期4年間は昇任なしで厳しい職務になる」と教えられた。

しかしながら人生に起こることはすべて必要、必然、ベストである。

米国に行かなかったばかりか、同じような訓練システムを同時期につくろうとしている
ドイツに情報収集に行くことができた。わずか半月ほどだったが、ドイツを回るうちに、「外国＝米国」のマインドコントロールが解けるきっかけともなった。

今ではドイツこそ、江戸の人情溢れる自然との共生社会の後継者である、と思っている。

もし、家族でアメリカに行っていたら、今ごろは米国絶賛の典型的な信者になっていたであろう。もちろん、準備室長にはならないので、富士訓練センターも今とは違ったものになっていただろうし、拙著『マインドコントロール』もこの世に出てないであろう。

さらに、人事的に不遇になった私は、とても大切な体験を与えていただいた。

それまで親しかった人たちのなかで、あるものは私とのつきあいを疎遠にして去り、あるものは私を信じていると変わらぬ友情を誓ってくれた。

そして、当時の富士学校田原副校長のように、私の人事的カムバックについて一生懸命働いてくださった方もいた。

人は短いこの一生のあいだに、愛と感謝と協調を体験して、魂を成長させて次のステップに進む。それをしみじみと感じさせてくれた、これ以降の自衛官生活であった。そしてさらなる体験を積ませていただいた上司、同僚、部下にあらためて感謝を述べたい。

そして何よりもうれしいのは、素晴らしい12名の仲間で、世界に誇れる訓練センターを

立ち上げることができたことだ。これまでのいかなる自衛官も体験したことのない世界での、彼らの獅子奮迅の活躍があったればこそ完成できたのである。

記録に残らない12名への感謝を込めて、そのエピソードも入った連隊長時代のエッセイをこの章の最後に掲げる。

北富士演習場夏の花

次男の高校野球埼玉県予選の始まった7月15日から18日までのあいだ、北富士演習場に師団主宰の野営訓練に行く。今回は、連隊創隊3年目にしてはじめて師団の一員として即応予備自衛官175名も参加、連隊として敵後方地域へのヘリボーン攻撃を実施した。

7月15日土曜日、本部要員は先行して北富士演習場に入り、前方集結地の準備。一方、前日のうちに各中隊の常備自衛官は、北陸・関西・東海にまたがる7カ所の駐屯地に、即応予備自衛官の受け入れに前進。ふだんは社会人として働く即応予備自衛官が、それぞれ自分で決めている出頭駐屯地に訓練招集で集まる。通常ならそれぞれの駐屯地で年の練成計画に基づき訓練を行なうのであるが、今回は師団の富士野営に参加するため、全員この日のうちに豊川駐屯地に集結して1泊、行動準備を行なう。

即応予備自衛官は年間30日出頭して訓練を受けることが義務づけられている。経済情勢の厳しいなかで仕事を30日空けることになるので、年度の始まる前に職場と調整しながら出頭訓練予定日を計画し、有給休暇を利用して訓練に参加している。


即応予備自衛官と常備自衛官が、編成表に基づき一体化して豊川駐屯地において、後方地域における集結地での戦闘準備を始めたころの午後遅く、懐かしい北富士演習場に入る。

北富士演習場は、富士山の北側山麓《さんろく》に広がる大草原地帯であるが、実際は大量の溶岩の上に頭皮のようにススキが覆っているにすぎない。ところどころ溶岩が剝き出しになっていて歩くのにも気をつけなければならない。その溶岩を避けつつ大草原のなかを車で進み、まばらに生える柏の木の下でテントを設営、野営に入る。あいにく、小雨がぱらつくが、かえって自然が活き活きとしている。特にススキ野のなかの黄色いユウスゲが鮮やかだ。テントの周りをよく見ると、野花菖蒲《のはなしょうぶ》、コバキボウシ、野桔梗《のききょう》などが、まるで緑の絨毯《じゅうたん》の花模様のように咲いている。

『あれ⁉ 北富士ってこんなに花が咲いていたかな！？？』

実は、この北富士演習場は生涯忘れられない思い出の地なのである。

現在、北富士演習場には、富士訓練センターが置かれ、陸上自衛隊の訓練のメッカとなっている。イラクに派遣された隊員もここで実戦的な訓練を受けて、自信を持って現地に赴き任務を無事完遂した。

今から10年前、平成8年夏、富士訓練センターの準備室長として着任した。当時はスタッフ12名のみ。無からのスタート。開発期限は3年と決められた厳しい条件のなかでとにもかくにも完成できたのは、12名のスタッフの獅子奮迅の活躍のおかげである。私自身も3年間、北富士演習場を駆けめぐり、ススキ野は見えていたが、花の存在などいっさい認識していなかった。


昨年創隊5周年記念日に呼ばれ、久し振りにその12名の一人である松本1尉に会った。その「思い」をエッセーで書いていたので紹介したい。

＊＊＊＊＊＊＊＊＊＊＊＊＊＊＊＊＊＊＊＊＊＊

自衛隊版プロジェクトX

……改革の灯りを守り続けた男の物語

先日、富士訓練センターの創隊5周年記念に行ってきた。

準備室長を務めていたとき以来、はじめての訪問だった。完成した姿にはじめて接して、感慨深いものがあり、求めに応じて誕生のエピソードの一部を現役センター員に披露した。

その会食場で、苦楽を共にした12名の開拓者の一人である松本1尉に再会、思わず握手。当時のままの傷つきグローブのようになった手の感触に接し、奥様に「すまない」と思いつつ、心から「ありがとう」とあらためて感謝した。

立ち上げ当初、2年間の運用（開発）計画の決裁を受けに校長室に入った。

「センター準備室長が入ります」という副官の取り次ぎに、なかから「富士訓練センター？　あんなもの富士学校にはいらないんだよ！」という大声を浴びながら、「入ります‼」と気迫で入り、決裁だけはいただいた。

その日から終礼を12名の円陣の形にした。

「今、陸上自衛隊が実戦で戦える、つまり隊員が死なないで任務遂行しうる組織に改革する最後の手段に、小さなロウソクの灯火《ともしび》がともった。しかし外は厳しい嵐が吹いている。全員が楯《たて》となり、この一つの希望の灯《あか》りを、皆の熱い心の火で、大きく全自衛隊に拡げていこう！」

松本1尉は、2年間風雪のなか、システムの生命線である延べ数十キロにおよぶ光ファイバーの構成、撤収、維持管理を一手に引き受けた。しばらくして彼の手に異変があることに気がつき、「霜焼け」かなと思った。実は、光ファイバーには、狐などの食害防止のために強力な薬が塗られていることがあとでわかった。わかっても光ファイバーが通じないかぎりセンターは立ち上げられない。

彼の熱き思いは強く、雨の日も風の日も雪の日も、炎天下も寒風荒ぶときも、黙々と電柱にあるいは木立に登って任務を遂行した。深夜、北富士の廠舎《しょうしゃ》のなかで、名古屋の家族から送られてきたパソコンで、娘さんの結婚式の写真ファイルを見ることを唯一の楽しみにしながら……。

今あるセンターは、彼のような熱き思いの、陰の功労者の賜物であることを忘れないでほしい。

そして、単身赴任の彼を支えた奥様と娘さんにも重ねて感謝したい。

＊＊＊＊＊＊＊＊＊＊＊＊＊＊＊＊＊＊＊＊

翌15日、日曜日。本部管理中隊、第2中隊、第4中隊、対戦車中隊で編成された連隊主力は、朝4時に豊川を出発、昼前には北富士に到着。ただちに2個グループに分け、集結地準備と実機を使ってのヘリボーン予行訓練を交代で行なう。

前段の訓練グループの確認に滑走路地区に入ったところで、ちょうど携帯にメールが入る。

「5回終わって3―1で勝っている。小幡が3ベース^^。聖人はスクイズバント成功！」

聖人の武南高校の初戦、埼玉県予選2回戦が行なわれているのだ。続いて、

「まだヒット2本、相手は6本。大苦戦です」

遠く東の空を見て必勝を祈るのみ……。

今回は、前日に全員が、ヘリ2機を使ってヘリボーン攻撃の予行訓練を行なえた。ほとんどのものが初体験と思われるが、これまで創隊以来積み重ねた訓練成果か、難なく行動できる。

考えてみれば、年30日間本当に自分の特技の戦闘訓練だけを行なっているのだから、他の業務が入らない分、集中できて技能は高くなる。それに休みを返上して家族孝行などを犠牲にしてまで訓練に参加するのだから意識もかなり高い。なかには、夜勤明けからそのまま訓練参加している人もいる。あらためて即応予備自衛官を尊

敬した。

最後の小隊と一緒にヘリボーン予行訓練をともにして、「これで行ける」と確信しつつテントに帰ったところで妻から再度メールが入る。

「勝った！　6―2」

その夜は、前方集結地での戦闘準備。各小隊等毎に歩哨《ほしょう》を立て、警戒を厳重にしつつテントで仮眠。集結地を1周したが、どこでも「止まれ！」「誰か！」と呼び止められ、警戒心旺盛なことを確認。

翌朝3時起床。整斉（整い、そろえること）とテントなどを撤収し、行動開始。あいにくの霧雨でヘリが飛べないが、代わりの大型車両による機動で予定どおり敵陣地の後方地域を攻撃。地歩を占領したところで状況終了。

普通なら、北富士の宿営地（集結地）に一度戻って、1泊して操縦手などを休養させて帰隊するのであるが、訓練期間が限られている即応予備自衛官は、そのまま攻撃目標地域から大型車に乗り込み、豊川駐屯地に帰隊する。ここで1泊して演習後の整備を行なって翌日それぞれの出頭駐屯地に帰る。

この際、各中隊の常備自衛官は、彼らをそれぞれの出頭駐屯地に送り届けて、さらに豊川に帰隊してようやく訓練終了となる。

考えてみれば、彼らが実際に防衛招集や災害派遣で招集されたときなども今回と同じような行動パターンとなるのでいい体験となった。

彼らを見送ったのちに、北富士演習場の宿営地跡に行ったが、歩哨壕の穴などもキチンと元どおりに埋められ綺麗に自然に還っていた。あらためてわが隊員ながら素晴らしいと思った。

その日は、来たときと同じで10名に満たない本部要員だけに還り、深々とする大草原の中で、ウグイス、カッコウの声などを聞きながら大自然を満喫することができた。

よく見ると、一般の方がけっこう演習場に入り、なにやら野花を勝手に持って帰っているようだ。そういえば、準備室長のとき、わざわざ山形の染織家の安久津さんが、根が独特の青の染色材料になる野草が、今はこの北富士にしかないということで訪ねて来られた。現地で確認してみると、われわれにとってススキのなかの雑草のひとつで、テントを張るときなどは刈り取っているものである。快諾すると数株根もとから大事そうに持って帰られた。

数年後、安久津さんから淡い青色に染めた着物の絵はがきで、「あのときの数株がみごとに蘇りました」とお礼の言葉をいただいた。安久津さんの熱い思いの結晶である。

翌朝、豊川に向け出発する前に、富士訓練センターの野田所長のもとに挨拶にうかがった。

まだ早かったのでその前にセンター横の富士山の湧き水として有名な忍野八海《おしのはっかい》に立ち寄った。若いころ富士学校に入校していたときに2歳の長男と親子3人で来て、渾々とわき出る泉に感動していたので、まだ見たことがないという操縦手の宮脇君に見せてやりたかったのだが……。天然観光資源とそれを糧とする人々の「意識」をあらためて考えさせられた。

実は、忍野八海は、それぞれの「土産店」が所有した形になっており、店内を通らないと湧き水の中央に行けないようになっていたり、泉の周囲が塀で囲まれ入場料を払わないと入れなくなっている。

開園前ではあったが、店の人が開店準備をしていたので見せていただこうと思い、「おはようございます!」と声をかけたがまったく無視された。人間、無視されることほど憤りを感じることはないが、まあ、仕方なくその場を離れる。あとで「反自衛隊感情が根強い地域」とうかがってなるほどと思った。

ドイツでは個人が土地を所有する、つまり私有地という概念がない。必要な人が必要な期間、土地を国から借りて、家族がいなくなるなど不要になれば返還し、次の人が借りる。ニュルンベルクの歴史的古城、日本でいえばお城も学生らの宿舎として活用されていた。また、それゆえベルリンの大学生も90平方メートルぐらいの部屋を月9000円程度で借りることができていた。

特に忍野八海などは、太古からの自然の恵みである。それを個人の「エゴ」という意識で私物化していいものか……考えさせられた。

富士演習場も、私有地を国が借りている地域がけっこうあり、5年に1度使用料の更新交渉が行なわれる。その前になると北富士演習場入り口前で反自衛隊デモが行なわれることがあった。また、反自衛隊感情の強いのは、同じ住民でも演習場に土地を持ってなく、使用料の収入がない人とも聞いたことがある。

そして、演習場使用料で生活が潤沢になると働く心配がなくなり、その子息が働かなくなることもあるとうかがった。

一方、穂の国（三河）では、周辺地域の方々がボランティア精神でいろいろ支援してくださる。演習場・自衛隊を利益の対象と見るか、奉仕の対象と見るか、まさにその人の「意識」の違いであろう。

早朝、そういう「小体験」をして野田センター長のもとにおうかがいすると、無事任務を果たして帰国した隊員がお礼に持ってきたイラクの砂をわざわざ分けてくださった。

実は、8月下旬、いよいよ松本3佐(この当時昇任されて、守山駐屯地で中隊長)の退官パーティがある。そのときに万感の思いを込めて松本3佐ご夫妻にイラクの砂を贈呈したい。

次のメッセージを添えて……。

一人の熱い「思い」が、周りの人を動かし、世界を変える。

今でも、そのパーティでイラクの砂を渡したときのシーンを思い出す。

彼は、富士訓練センターで使っていた電柱など高所作業用のベルトを持ってきていて、制服の上に装着した。その瞬間、私の意識に当時の北富士演習場がフラッシュバックした。雨のなか、雪のなか、風のなか、埃《ほこり》のなかを蓑虫《みのむし》のように高所にぶら下がって作業している彼の姿が輝いて見えた……。

彼にとっても40年近い自衛官生活のなかで、そのベルトが最高の生涯の宝ものとなっているのだ。

12名の熱い思いのこもった富士訓練センターは、この国を守るため、未来永劫成長していくことだろう……。

第4章

いかに自衛隊は不当に扱われてきたか

~反自衛隊感情に支配された人々~

ネガティブ・キャンペーンの裏側にあった東西冷戦構造

自衛隊は、警察予備隊として発足した昭和25年（1950年）以降、つねにメディアなどからの「違憲＝憲法違反」というネガティブキャンペーンにさらされてきた。その先鋒《せんぽう》に立っていたのが、「進歩的文化人」と称する左翼系のコメンテイターたちであった。

自衛隊法に「国の独立」と「国民・財産を守る」と明記してあるにもかかわらず、存在そのものを否定する。200カ国以上ある世界の国々のなかで、万一のときに自分の命を最終的に守ってくれる国軍の存在そのものを否定するような言説が、主流メディアに流れていたのは間違いなく日本だけであろう。この珍現象の「カラクリ」をしっかり解くことは、自衛隊の正しい理解につながり、かつこの国の歪《ゆが》みを直すきっかけになるのかもしれない。

私自身、同じ敗戦国でも、こんなにも軍に対しての国民感情が違うのかと驚いた体験がある。富士訓練センター準備室長で、情報収集のためにドイツに行ったときに、日用品を買いに入った小さな売店での話である。車での移動中で自衛隊の制服を着ていた。するとレジで「お金はいい」と言う。「ん⁇」「国は違っても国を守る人からはお金はいただきません」。もちろん、珍しい日本人の自衛官だったからかもしれないが、いずれにせよ、日本で制服を着て街を歩いているときにこのような話はありえない。

特に、若いころに「税金泥棒！」と言われたことがトラウマとなっている私にとっては、まさに仰天の感動の体験であった。

余談ながら、そのドイツでは、田舎道を歩いていると車が必ず寄ってきて、「どこへ行くんだい？　乗っていきな」と声をかけてくれた。かつて私が小学生のころの愛媛の田舎ではこのようなことが日常茶飯事であったのだが……。

それが今の日本では、「知らない人に挨拶してはいけない」と教育している。人は、人間関係を通じて体験し、成長する。その人間関係づくりのきっかけの挨拶、声かけを否定する社会がどうなるのか……。

さて、「違憲」問題については、これまで憲法制定から自衛隊発足の経緯を述べてきたので、これ以上立ち入る必要ないと思う。「芦屋修正」を9条2項の冒頭に入れたことによって、憲法制定から8年後の昭和29年（1954年）に防衛庁設置法が成立可能となり、自衛隊法も憲法の枠内で定められ、現に陸・海・空自衛隊が存在している。

それを今さら否定する人は、国際常識の欠如した人にすぎない。

もっともその現憲法そのものが、敗戦後の占領統治下に、国際法に違反する形でGHQ

から押しつけられたものである。これをドイツ基本法のように、現状にマッチするように改正すべきであるというのは至当な主張である。

これは、これからの国民の聡明さに期待するほかない。

そういう「政争」レベルを超えて、今も自衛隊は実任務でこの国を守り、隊員たちは黙々とフクシマで放射性汚染物質を除去している。

もちろん、これから近々起こるであろう東日本大震災をはるかに越える天変地異や、それ以上の国難急を告げる事態にも、自衛隊はこの国の最後の砦《とりで》として対処してくれるだろう。

その事態が、眼前に迫っていると思われる。

ただ、「進歩的文化人」たちが、自衛隊に敵愾心《てきがいしん》を持っていたのは理解できる。

戦後、自衛隊が誕生したのは、米ソ2極構造化時代であり、日本人も2極化していた。つまり、世界には米国とともに資本主義体制下で経済的な成長を望む「西側派」と、ソ連・中国・北朝鮮をはじめ共産主義体制下でのマルクスが夢想して描いた理想的な社会を目指す「東側派」がいた。もちろんこちらの信者はかなり少数派ではあったが。

日本列島は、地政学的に見れば、東西陣営のあいだに横たわる「戦略的要衝」である。大陸国家の東側（ソ連・中国）にすれば、日本は太平洋、つまり世界進出への足がかりとなる。逆に西側に保持されれば、貿易的にも大陸内に封じ込まれる。

一方、大洋国家の西側（アメリカ・西ヨーロッパ）にしてみれば、日本は大陸侵攻の足がかりとなる地である。逆に日本が東側に保持されれば、西側はハワイ、グアムあるいは米国西海岸まで後退しなければならない。

そして、現実は日本への単独侵攻を果たした米国＝西側が占領統治していた。世界革命を標榜《ひょうぼう》していた東側にとって、まずその足がかりの日本を支配下に収めなければならない。彼ら共産主義者の常套《じょうとう》手段として、まず侵略しようとする国の国内を騒擾《そうじょう》状態にもっていく。

このときに、もっとも「邪魔」になるのが、その国の軍隊である。ゆえに、その軍隊を無力化するか、味方にする。その工作の第一歩が、その国民とその軍隊との乖離《かいり》・孤立化を図ることである。

「進歩的文化人」というのは、東側から便宜供与を受けていた御用学者である。現代の3・11フクシマ直後にメディアで活躍した原発御用学者と同じ穴の狢《むじな》である。彼らがどこまで共産主義諸国を理想国家として信じていたかどうかは、それぞれの胸の内に聞くしかないが、世論を反自衛隊にもっていくために最大限活動していたのはまぎれもない事実である。原発御用学者が、それぞれの良心内で本当に原発や放射能内部被曝を安全と考えているのかどうかと同じ構図である。

いずれにせよ、それが彼らの「信念」「人生」であり、特に「実益（お金）」になったわけである。

問題は、西側の核心である米国統治下の日本の主要メディアで、なにゆえ彼ら「東側派」の御用学者が独占的にお茶の間をにぎわすようになっていたのか、という問題である。

本当に対立しているならば、傘下にある日本の主要メディアに、東側の文化的進歩人など登場させることなどありえない。3・11フクシマ以降、反原発学者をいっさい登場させなかったように。

しなしながら、実際は、自衛隊擁護派はいっさい排除され、反自衛隊の東側進歩的文化人のみ登場させ論陣を張らせた。この「カラクリ」がおわかりだろうか。

これを解明しないかぎり、戦後日本の「真実」は見えてこない。

意図的に流布された進歩主義的言説

このカラクリをしっかり解くために、今一度、真の情勢を見るために私が提唱している5つのグループ分けを確認したい。特に、「お金」が最終的にどこに集まるのかを見ることが重要である。それが世界金融支配体制の目的だからである。

①けっして表に出ることなく、世界を裏から動かしている真の支配者グループ
②真の支配者グループから直接指示を受け、表の世界で実際に動く権力者グループ
③真の支配者を知らず、表の権力者のために働く（または働かされる）グループ
④上記の構造などいっさい知らない普通の人々（いわゆる働き蜂・世論を形成）
⑤上記の構造を熟知したうえで意識向上し、世界をよくするために活動する人たち（有意の人）

米ソ2極化構造も、所詮は①の「世界金融支配体制」が、②の米国とソ連という国家レベルでの「2者対立構図」を作為したものであった。対立が激しいほど、武器、燃料、食糧、医療などでお金が彼らに入る。

国家（政府）そのものは、お金を集めるための手段にすぎず、その衰退などいっさい問題としない。世界金融支配体制は表の主役としてかつては英国（ポンド）、現在のところ米国（ドル）を、基軸通貨国として裏から操ってきたにすぎない。

あくまで、彼ら「支配者」とその他の彼らを支える「隷属者（被支配者）」、さらにその構造を維持する軍・警察管理者からなる究極の「世界統一軍事警察監視国家」の確立を目標としてきたことはすでに述べたとおりである。

支配者にとっては、地球の有効資源で支えるには人口が増えすぎた（と彼らは考える）のである。そのため、彼らは被支配者を必要最小限の人口にとどめるため、さまざまなウイルスなどで自然現象を装って「削減」しようとしてきた。

たとえば、エイズはアフリカ黒人を、サーズは中国人を、豚インフルエンザは日本人を狙ったものであったと言われている。

また遺伝子組み換え大豆やトウモロコシなどの開発も、それを食べることによる米国自国民を含む世界規模の人口削減を図るためのものである。その真実がわかるにつれて、今後問題化されるであろう。

こういうエゴイスティックな目標において、彼らがもっとも恐れるのが、人類の本当の歴史・流れを体現してきた日本人の「目覚め」であることは、前述したとおりである。それゆえ、彼らの対日支配上の絶対的な目標は、日本人から永久に、自然との共生をはかる「ヤトごころ」と誠の「武士道精神」を復活させないことである。このため戦後、電通には、「言霊」という言葉を使ってはならないと厳命していたという。

このような、②以下の国家レベルでは、日本という「戦略的要衝」を直接自国の軍隊（米軍）で占領、確保しながら、なおかつ対立する東側を強化することがいちばん利益を生むことになる。なぜなら、共産主義の脅威が強まるほど、自ら国を守ることを忘れさせられた軍事アレルギーの日本人が、より米軍に頼るようになるからである。そうすると駐留費ばかりか、さまざまな形を変えた安全保障費が印税的（⁉）に舞い込んでくる。

たとえば、年次要望書を突きつけて郵政を民営化、350兆円の郵貯を投資という名目で吸い上げたり、予算に現われない特別会計で米国国債を常時購入させる。また今回の3・11フクシマでのトモダチ作戦の見返りとして年1858億円、5年保証の思いやり予算のようにさまざまな「情勢」を活用（作為）して日本からお金を巻き上げる。もっとも在日米軍などもわれわれと同じ④のグループで、彼らに使われているにすぎない。

この「意図された」対決構造のために使われたのが、「進歩的文化人」と称するメディア劇場での役者たちである。もちろん彼らは、③の「働かされる」分類に入るが、イデオロギー的なマインドコントロールを受け、心から世界平和につながるとの信念を持っていた輩もいたかもしれない。それこそ、まさに本当の情勢を知らない「盲目」の、最高の使える「役者」になったわけである。

私は運用策1班時代、警察の強制捜査に同行・支援した際、上九一色村オウムサティアンに入った。このときに、優秀な若者たちがマインドコントロールをいとも簡単に受けている状況をつぶさに見て、日本人の騙されやすさ、お人好さを感じた。その体験から、タビストック人間関係研究所などで洗脳手段を開発してきた①の支配者たちにとっては、左脳の暗記力だけで優秀とされ、右脳の総合判断力（人間力）未発達の「学識者」を「進歩的文化人」として作り出すのはいとも簡単であったと判断できた。もっともこのような操りやすいエリートとするために、日本の教育を左脳偏重教育に、戦後ＧＨＱが「偏向」したわけである。

さらに、日本人にはメディアによるマインドコントロールに脆いという根本的な「美点」もある。これまで見てきたように、「和をもって貴し」に代表される日本では、その歴史のはじめより、「世界一賢い」お上が、「世界一賢い」国民を統治してきた。

また、日本には他の諸国のような上下の人種的、階層的な差異がなかった。江戸時代の為政者であった老中なども、片田舎の小大名の惣領以外の兄弟のなかから能力第一主義で選ばれたこともあった（通常は5万石以上の譜代大名）。

見方をかえれば、日本人のＤＮＡには、「お上はつねに正しく、国民のために誠を尽くしてくれている」という上下信頼の因子がいつもＯＮになっている。その上意下達の情報媒体がかつての江戸時代は浮世絵であり、現代はＴＶなどメディアである。

すると、そのメディアで偽情報を流しても、まったく疑うことなくすべて受け容れてしまう。ここに、主要新聞、ＴＶなどを通じた完璧な世論形成、マインドコントロールができる日本人の特性がある。

そのメディアで、日本では最高学府である有名大学の教授の肩書を持つ「進歩的文化人」を使って、お茶の間からも軍アレルギーを蔓延《まんえん》させ、かつ自衛隊の存在を否定する。こうして、日本人の美点を逆利用した反自衛隊の完璧なマインドコントロールが行なわれてきたわけである。

さらに、GHQの占領政策の一環として、左翼主義者の牙城としての日教組が、戦後の教育現場で反安保、反自衛隊、自虐的史観の刷り込み教育を行なってきた。生まれたときからの日本本来のかつての江戸思草《しぐさ》のような思いやりの家庭教育や社会教育も失って、学校に入ると左脳詰め込み教育と左翼的な反自衛隊教育。メディアからも反戦、反自衛隊の情報ばかり。これが戦後の自衛隊を取り巻く環境であった。

世界の王室をいただく国々にはロイヤルアカデミーというものがある。もし、日本にもこのような天皇陛下直属のアカデミーがあり、五井野正博士のような各分野のトップクラスのみ集めた総合研究所で、プラズマ物理学などを研究させ、かつ大学教授などを指導する制度があれば、このようなマインドコントロールも受けなかった違いない。また、3・11フクシマなどでも、日本でとりうる最善の施策を迅速に提言し、的確な対応ができていたに違いない。

いずれにせよ、このような日本にかけられていたマインドコントロール構造が馬脚を現わしたのが、3・11フクシマであった。おかげで多くの国民が、今の日本は「世界一お馬鹿な」お上が、「世界一賢い」国民を、メディアを使った偽情報で、騙しの統治を行なっていることに気がついてきたと言える。

反自衛隊感情がねつ造する事実

このような世論形成が怖いのは、法曹界なども、その国民的な「思いこみ」の影響を受けることである。

たとえば、昭和46年（1971年）7月30日に発生した全日空機雫《しずく》石《いし》衝突事故がそれである。

岩手県岩手郡雫石町上空を飛行中の全日空の旅客機と、航空自衛隊のF86戦闘機が飛行中に接触し、双方とも墜落した。自衛隊機の乗員は脱出に成功したが、機体に損傷を受けた旅客機は空中分解し、乗客155名と乗員7名の計162名全員が犠牲となった。昭和60年（1985年）の日航ジャンボ機墜落事故が発生するまで、最大の犠牲者数を出した国内の航空事故であった。

盛岡地裁における第一審（1975年3月11日）では、『全日空の過失を論ずるまでもない』として、自衛隊教官に禁固4年、訓練生に禁錮2年8月の実刑判決を言い渡した。また、裁判所は『全日空側の過失があったとする余地はあるが、自衛隊機側の過失を否定するものではない』とした。

この事故の実際の状況は、自衛隊機が訓練空域のなかで2機の戦闘訓練をしているところへ、巡航速度約900キロの全日空機が、航路を12キロ逸れてなぜか前方をいっさい監視しないままに直進し、後方から「追突」したものであった。

ところが裁判官も、戦闘機のほうが速いと思いこみ、一方的な判決を下したのである。事故当初に、空幕長が事故原因もいっさいわからないうちにTV会見で「謝罪」をしてしまったこともあるが、そうせざるをえないような当時のメディアの「反自衛隊」バッシングが大きく影響していた。

爾《じ》後、防衛大・安岡教授などによる緻密《ちみつ》なレーダー解析などで、全日空側の前方不注意(自動航法にして前方をまったく監視してない！　パイロットが操縦席にいなかった)で追突したことが裁判上も認められたのは、実に事故から12年後の昭和58年(1983年)9月22日の最高裁であった。しかし、この際にも、自衛隊教官に『見張り義務違反』があったことを最後まで認定した。

ちなみに教官は、判決にかかわらず、白髪になりながら慰霊行脚《あんぎゃ》を続け、パイロットに復帰することなく平成17年（2005年）死亡した。

事故のあった昭和46年7月と言えば、その春15歳で自衛隊に入った私が、はじめての夏休みに出発するときであり、若い生徒たちに動揺がないように話して聞かせる区隊長の緊張の表情を今でも思い出す。とにかく何かあれば叩かれる自衛隊をつぶさに味わったわけである。

国民全員が喜ぶようなボランティア的活動に関連しても、攻撃の矛先を向けてくる反自衛隊新聞社が存在した。

「陸自真駒内の幹部ら　雪まつり慰問金受領　昨年まで12年間出店者が年80万円」

平成13年（2001年）2月2日、毎年200万人を超える観客が訪れるさっぽろ雪まつりの開会式直前の地元最大紙の5段抜き見出し記事である。さらに翌日には、追い打ちをかけるように、

「共済店違法の疑い　道財務局　自衛隊員以外も利用　さっぽろ雪まつり真駒内会場」

とスクープ第2弾を掲載した。

この見出しだけ見れば、隊員が氷点下で手にアカギレをつくりながら雪像を制作するかたわらで、幹部自衛官がちゃっかり慰問金を着服しているかのような印象を受ける。

雪まつりは自衛隊の支援なくしてはできない。大雪像制作だけでなく、会場内のすべて

の雪輸送も延べ5000台の自衛隊車両で行なっている。民間なら当時で1台5万円。それだけで2億5000万円。

超精緻な雪像は、民間業者がつくると、数億円はかかると言われている。蓄積された自衛隊のノウハウがないとつくれないだろう。自衛隊は、そこでは最初に雪を一気に積み上げて寝かせて「削り出す方法」と、数千もの氷状のアイスクリートにしたパーツを「積み重ねる方法」を巧みに使いわけている。そのパーツは実物と1ミリも違わない。

　このため、実際に実物の確認に世界各地の現地に行き、各パーツの型盤のための設計図も書く。当然、1級建築士なみの能力を要する。世界各国の軍人も見学に来るが、世界中のどの軍隊も作製不能と言わしめた世界一の技術なのである。

そういう自衛隊の全面的支援のおかげで、冬季の雪に閉ざされた北の大地に夢を呼ぶのである。雪まつりの経済的な効果も大きい。地元の方々は深夜人通りがなくなってから昼間壊れた雪像などを補修する隊員のボランティア精神も知っており、温かい珈琲缶などを差し入れしてくれるようになった。

延べ数千人になると、慰問金という形で代表者に持ってくる。それを珈琲缶などを購入して隊員に配る。その後キチンと収支を明確にしておく。なぜ、これを問題とするのか、この記事だけではわからない。非難するこの新聞社主催の市民広場で使われる雪も、もちろん自衛隊車両ですべて運ばれている。

実は、この誹謗《ひぼう》記事には、この記事を書いたH社Q記者の隠れた意図があった。彼は、その前の日米共同訓練において、札幌市内に外出した米軍人を尾行し、地下街で買い物をした際に、売店の女性にお金を渡す姿を後ろからこっそりと撮影。共産党系の新聞に載せた記事で、女性の証言として「チャックをひらいてイチブツを見せられ怖かった」という、トンでもない偽造記事まで書いている左翼シンパ記者であった。

ここで理解を容易にするために、この記事も少なからず影響して今はなくなった雪まつりの「真駒内駐屯地会場」について説明したい。

自衛隊が作製する大雪像は、それぞれ地元の放送局と新聞社などがスポンサーとなる。この際、大通り会場はスペースが限られているため、毎日新聞社が会場を確保できなくなってしまった。やむなく真駒内の自衛隊駐屯地を借用するようになった。駐屯地は広いので、滑り台などで子どもやファミリーが楽しめるイベント会場とした。

加えて自衛隊は駐屯地会場内に暖をとるためのテントを設置し、温かい飲食物を売れるようにした。大通り会場は狭いのでいっさい売店は出店できない。このため真駒内駐屯地会場に思わぬ「恩恵」が発生したわけである。この売店グループは、駐屯地の共済売店グループと毎日新聞社グループの2カ所とした。いずれにせよ、駐屯地内のことなので、駐屯地の売店会会長が取り仕切る形になっていた。

最初は出店者希望者も少なく、ボランティア的に出店した人もいる。そういう経緯もあり、ほとんど出店者は固定していたようだ。人出がふえ、利益があるとわかれば、「自分も」と思うようになるのは人の情である。

ところが、出席者は固定化されていて入れない。そこにQ記者が乗り込んできたわけである。

これでは民間同士の「係争」なので、記事にはならない。そこで、自衛隊を絡めてきたわけである。

スクープ第2弾は、共済組合法によると、共済の売店は「隊員もしくはその家族の福利厚生」と規定されているのに、雪まつり会場では一般の入場者も購入しているという言いがかりである。見出しの「道財務局」もこのようなことは言っておらず、これも「ねつ造」である。

この記事は、隊員のボランティア精神を踏みにじったトンでもない記事であった。このときに、産経新聞社が見かねて、同年2月8日、全国紙の一面の囲み記事「風」にこの問題を書いてくれてた。長くなるが、ここで紹介したい。当時の自衛官が言えない「本音」

を代弁してくれている。

炎天下の中で、草むしりを地元の中学生がボランティアで手伝ってくれたら、「暑いのに悪いね」と缶ジュースぐらい出したくなるのが人情だろう。ところが「なんでやるんだ」と、必ず文句を言い出す人がどこにでもいる。謝礼をもらった相手が自衛隊だと、それだけで何かと中傷される。

6日から始まった「さっぽろ雪まつり」では、陸上自衛隊真駒内駐屯地（札幌市南区）の隊員たちが、マイナス何度という寒空の下、雪像をつくる雪をせっせと運んだ。雪像が大型化した昭和30年から、自衛隊のこうした支援はずっと続けられてきた。

あかぎれした手でもくもくと作業する隊員たち。そんな姿を見て「これで温かいものでも買ってあげて」と、地元の人たちが昨年までは「慰問金」を担当する部隊にあげていたようだ。住民の気持ちをむげに断るわけにもいかず、その金で缶コーヒーやミカンを買い隊員たちに配っていた。

謝礼などで現金を受け取った場合、疑義が生じないように五千円以上は届け出て、二万円以上は公表することになっている。自衛隊員が謝礼などで現金を受け取ること自体は特に倫理規定法に反しないという。

しかし、自衛隊が現金を受け取るのはよくないと地元有力紙は今月二日付けの朝刊で書き立てた。そういう地元紙も雪まつり会場には自社の会場を設け、散々批判しておきながら自衛隊に雪をちゃっかり運ばせている。

ただあきれるばかりである。倫理的に問題があると厳しく非難しながら、自衛隊から、よく平気な顔で支援を受けられるものだ。そちらの方がよっぽど「人の道」にもとるではないか。

自衛隊内から「来年から地元紙への支援をやめよう」という声があがったとしても当然だ。地元紙の社員たちが自分の手を霜焼けにしながら雪を運んでみたら、自衛隊のありがたさがわかるはずだ。

阪神・淡路大震災が自衛隊の運用を変えた

ところで、組織運用上の根本的な問題として、海・空自衛隊にはあって、陸上自衛隊にはないものがあることをご存じだろうか。

それが、「陸上総隊」、つまり「陸上最高司令部」である。市ヶ谷台にある陸・海・空の幕僚監部は、あくまで行政上の組織であり、その長も「幕僚長」である。「指揮官」ではない。海上自衛隊には横須賀に「自衛艦隊司令部」があり、航空自衛隊には府中に「航空総隊司令部」がある。このため、「いざ！」というときに、司令の命令一下、海、空自衛隊は、全作戦部隊を迅速に集中して運用できる。

ところが陸上自衛隊には総隊がなく、指揮系統上は5つの方面総監がそれぞれ長官に直接つながっている。小さな災害派遣で各方面隊の部隊だけで足りる場合は問題にならないかもしれない。しかし、方面隊を超える運用が迅速に必要なときは……。

その懸念が現実化したのが、阪神・淡路大震災だった。

陸上自衛隊の機械化部隊などの主力はその創隊の経緯上、また演習場などの環境上、北海道つまり北部方面隊に所在している。阪神・淡路大震災に際し、ブルドーザーなどを有する北部方面隊の施設科部隊を迅速に中部方面隊に配属させる必要が生じた。海・空なら司令の鶴の一声ですぐに移動できる。ところが陸の場合、方面を超える部隊運用は「長官」の命令が必要なのである。

そこで、創隊以来の「制服封じ込め」を象徴する冗談のような事態が起こった。

防衛庁（省）のなかには、長官を補佐する機関で、シビリアンの「内局」がある。創設以来、内局は制服の上位にあるものとされてきた。所詮、内閣府の外局（エージェンシー）

の地位しか与えられていなかった防衛庁のなかで、さらにシビリアンコントロールという名目のもと、内局の下に「制服」つまり国軍が抑え込まれていたわけである。予算要求時の大蔵省（当時）説明や国会での答弁も自衛官はいっさい封じ込められ、内局部員が自衛官の説明を解釈して行なう「特権」を持っていた。

そもそも、日本以外の国であるならば、こと部隊運用に関わることであるならば、生涯をその研鑽《けんさん》に費やしている作戦専門の制服が直接長官や総理を補佐して当たり前である。特に、国家緊急のときはなおさらである。

まあ、こういうお家の事情もあり、自衛隊が何をしているのか、社会から見えない面もあったと思われる。たまに本音を語った統幕長がクビになることもあった。組織上も、制服・自衛隊がまともに動けず、外に出づらい体制と言える。

さて話をもどすと、長官命令なので内局部員が行動命令書などの文書を作成するか、と言えばそうではない。陸幕の運用第1班が作成していた。通常、行政管理組織なので、担当が起案して陸幕長の決裁までは、各部各課各班長などの「合議印」をもらわなければならず、間違いなくその調整だけでも数日はかかる。

しかし、こと運用の緊急事態になると、そこは制服の組織は早い。通常文書では何十個も必要となる合議印も、運用第1班長、運用課長、防衛部長、陸幕長の作戦系統だけとなり、10分もかからない。しかも通常、運用に長けた運用課長に作戦上のことは任せているので、なおさらこのような部隊運用の決裁は早い。

陸幕長の合議印受領後、長官に決裁を受けに行く。ただし、「順序」を経て。なんと内局の「文書班」に提出するのである。文書班から内局のルールに従って、制服の関与しないところで回っていく。そのつど、「このジープ1両の意味は?」などに応答しながら……。

さすがに、これでは被災死亡者が6000名に達しようとしている災害派遣に間に合わない。

そこで陸幕の総務課長(制服・1佐)が一計を案じた。運1担当が命令起案して長官の決裁がおりるまでの時間を計った。平均して、陸幕長まで10分、それから長官まで23時間!!

その結果を内局の総務部長(シビリアン・キャリア)に呈示した。さすがはキャリアである。その意味を痛切に感じ、内局の要員を1カ所に集め、「国家緊急の一大事のときに、なんとバカなことをしているんだ!」と一喝した。

それ以降、陸幕内に劣らない迅速な処置がなされ、全自衛隊としての活動もできるようになった。

自衛隊は、阪神・淡路大震災から大きく変わったと言われる。「抑止のための存在感を示す時代」から「実際に行動して評価される時代」へと変わった。

実は、小さなことであるが、運用の世界でも象徴的に変わったことがある。事態が起こったときに、内局も長官のために作戦室を開設する。もちろん陸幕も運用1班が幕僚長のために作戦室を開設する。このときに、連絡幹部として、運1の要員が「シーツ、枕」を持って、内局の作戦室に「出向」していた。たった11名の要員で、全自衛隊の運用を24時間勤務で行なう。一人でも必要なときに……。

ところが、前記の「一喝」以降、内局の部員がシーツ、枕を持って陸幕作戦室で寝泊まりするようになった。つねに制服が内局に出向いて説明していたベクトルが、ここから変わったのである。

平成18年（2006年）3月に、それまでの統合幕僚会議および同事務局を廃止し、統合幕僚監部を新設。平時から陸・海・空の部隊を運用することとなった。陸・海・空の運用課要員も統合幕僚会議に集められた。しかしながら依然、陸上総隊はつくられていない。

誤解を恐れずに言えば、海は艦を動かす組織であり、空は航空機を飛ばす組織である。東日本大震災を見るまでもなく、平時、有事、災害時を問わず、つねに住民・国民と密接に一体となって活動するのは陸である。その陸の部隊を大規模震災時に迅速に運用できるようにするには、やはり陸上総隊しかないと思う。

その陸上総隊ができたときこそ、国民も自衛隊に対する正しい認識を持ち、自衛隊の受けてきた不当な扱いが晴れてなくなるときかもしれない。

阪神・淡路大震災は、自衛隊の運用だけでなく、国家の防災体制も抜本的に変えた。6000有余名の尊い御霊のおかげで、「政府現地対策本部」の制度ができて、爾後の大震災に対して国家として迅速に対応できるようになった。もっともなぜか、今回の3・11フクシマでは、ついに立ち上げられなかったが。

その阪神・淡路大震災では、まだ自衛隊に対して、意図してマイナスイメージを醸し出す報道がなされた。

まず、事実認識として、兵庫県知事は自衛隊に「派遣要請」をしていない。朝の5時17分に発生して、あらゆる通信手段が途絶え、県・市・町村の自治体組織は壊滅した。「10時に知事からの要請を受けた」というのは、知事側と部隊側双方に「都合がいい」との政治判断で、「爾後談合」したにすぎない。

私は、この「事実関係」を確認する意味もあり、陸幕連絡班を編成して、現地に赴いたのである。現地でなぜこのような「調整」をしたのだろうか。

当時は、反自衛隊の雰囲気が、特に平和都市神戸で強かった。実は、防災訓練などに自

阪神・淡路大震災に出動し、救助にあたる自衛官

衛隊はいっさい参加も見学もできていない状態だった。

これはほとんど知られていないことだが、迅速な災害派遣に備えて、陸上自衛隊は日本のあらゆる市町村レベルまで、必ず「担当部隊」を決めている。そして、通常はふだんから少なくとも担当レベルで何らかの調整は行なっている。ぜひ、自分の町をどの部隊が担当しているか確認していただきたい。

嘘のような話だが、神戸を担当していた部隊は、阪神・淡路大震災時に同地をはじめて訪れることができたのだ。これでは、迅速な進出どころか、どこを重点に活動していいかさえ、場当たり的にならざるをえない。部隊が展開する前には事前調整や災害情報が必ず必要である。さもないと災害時に展開予定地の公園や学校などに行ってみると、被災者の避難所となっていて展開できない場面が、特に都市災害の場合は多い。当時の神戸市は自衛隊といっさいの関係がなく、さらに調整しようにも、すでに神戸市の機能は壊滅していた。

このような事情もあり、当時は現在のような「自主出動」はできなかった。しかし、実際は、伊丹のＪＲ駅の建物倒壊現場に36連隊が発災後すぐに自主的に出動したように、自衛隊は自らの判断で行動を開始していた。そこで勝手に行動したと批判されないように、部隊側も知事からの要請が「必要」であったのだ。これがのちのちのボディブローとなる。

一方、知事という政治家にとって、大震災に際し、自衛隊への要請をしなかったとなると、間違いなく次の選挙では落選するであろう。こちらは、絶対的に「要請」したことにしなくてはならない。

そこで思い出すのは、当時の中部方面総監部の松島悠佐《ゆうすけ》総監（現・軍事評論家）の記者会見である。人情家で隊員の人望も篤く、部隊運用にも長けている松島総監は、実に2時間、発生時の状況から説明。特に防衛行動のような上からの命令・行動ではない、災害時における下からの救助・行動の実情を、かみ砕いて説明した。そして最後に、6000有余名の亡くなられた御霊を思い、涙で慰霊した。私は、総監の真後ろでその説明を聴き、感銘を受けていた。

ところが、その記者会見がニュースになったのを見て、仰天した。なんと2時間の内、ニュースに流れたのは最後の涙の場面だけ。しかもニュースの趣旨は、自衛隊の出動が遅れたことを、総監自体が悔やんでいるという印象を与えるものであった。

これは、爾後、私自身も「広報」畑で仕事するようになったときの痛い教訓となった。というもの陸幕連絡班に、陸幕の広報要員を組み入れる思考自体、当時の運用バカの私にはいっさいなかった。

このときのメディアは、ニュースをつくる段階からそれまで同様に、自衛隊のマイナスイメージづくりを画策していたのである。ニュースはコマーシャルづくりと同じである。30秒、1分、3分という枠のなかで、何を視聴者に訴えるか決める。この場合だったら、自衛隊の責任で遅かったという制作方針のもと、まずそれに使える映像を集める。たとえば、①発生当時の映像、②知事のインタビュー場面、③自衛隊の到着場面、④総監のインタビュー、⑤被災者の悲しむ映像。

このとき実際にニュースで流れた②の知事のインタビューは、「自衛隊が……」と政治家らしくハッキリものを言ってない。そしてだめ押しは、④の総監の記者会見である。総監の肉声はいっさい出さず、ただ総監の最後の瞬間の涙顔だけをアップにした。

こういう映像に対し、コメンテイター（アナウンサー）が、自衛隊が遅れたことを説明する。このコメントが視聴者をマインドコントロールするうえで決定的に重要なわけである。

こうして感動的な、善意の総監の記者会見が、不当に扱われたのである。そればかりか、今でも自衛隊の責任で遅れたと思っている人も多いのではないだろうか。

もっとも、命をかけた誠実な自衛官の活動が現場で続くにつれて、部隊の宿営地の電柱などに「自衛隊さんありがとう」という貼り紙が貼られるようになり、自衛隊への評価も劇的に変わっていった。

この時点から、国民の自衛隊への認識も変わってきたと思われる。行動して評価される時代に。まさに誠実に住民・国民のために命を賭して活動する自衛官の姿が、国民のマインドコントロールを解いていったのだと言える。

そうすると、メディアのほうもこれ以上のネガティブキャンペーンができなくなる。3・11フクシマ以降がその証明である。

この章の最後に、この国のありようを考えてほしい典型的な話をしたい。

阪神・淡路大震災に出動した自衛官たちが見聞きして噂になり、2011年3月16日付の産経新聞でも紹介された事件である。

このとき、ある女性の反戦・反自衛隊活動家が、被災地・神戸でチラシを配った。それも当初は、彼女の配下の者たちに配るように手配していたが、「やはり、私が最初に配る」と、自ら現場で積極的にアピールした。そのチラシには「自衛隊は憲法違反です。自衛隊から食糧が配られても、我慢して受け取るのを拒否しましょう！」と書かれていた。

その反戦・反自衛隊活動家の名前は、辻元清美女史である。その辻元氏が、今回の東日本大震災において、なぜか「災害ボランティア活動担当補佐官」に菅直人首相（当時）から任命され、現地で活動している。なにゆえ、首相はこのような人物を、補佐官に任命するのだろうか。

実は、東日本大震災に派遣された自衛官のなかには、阪神・淡路大震災で派遣された隊員もかなりいる。当時の辻元氏の活動をしっかり覚えている。もちろん、自衛官は、表だってはいっさい不平も不満も口に出さない。でも、「何で彼女が補佐官で来ているの？」と仲間内でヒソヒソ話をしてもおかしくはない。

特に、今回の大震災での彼女の活動に疑問を呈する自衛官もいる。現地入りをした彼女は、地域のラジオ放送で、ボランティア教育受講を呼びかけた。現場での実際の活動よりも、8時間のボランティア教育参加を訴えていたという。時間をやりくりして奉仕の精神で現地に来ているのに、ボランティア教育に出ていると、実際の活動ができない人もいる。それでも彼女は、教育優先を呼びかけた。

なぜか？

教育に参加するということは、しっかり登録するということを意味する。バッチリ個人情報がとられるわけである。そこからメールなどで連絡を重ねて、やがて「メンバー」に取り込み、自分の「会派」「シンパ」を醸成していく。

阪神・淡路大震災と今回の彼女の活動を通じて、このような危惧を抱く自衛官もいることを明記しておく。

さらにビックリしたのは、予算仕分けの担当（民主党政策調査会副会長）として辻元氏を活躍させたことである。現・野田政権は、反戦・反自衛隊の活動家に重要な国政を任せているのである。

このような国に未来はあるのだろうか。集団意識が物理的な事実をつくっていくという。3・11フクシマが単なる教訓になるのか、さらなる悲劇の始まりにすぎなかったのか、それを決めるのは国政も含むわれわれ日本人の意識であり、日々の行動、活動、生き様がより重要となるであろう。

第5章

個人の意志が集団意識を変える、運命を変える

～サバイバル時代の自衛隊の役割～

人はだれもが人生の「基本設計」を携えている

２０１２年以降は、３・11フクシマの発生した昨年よりもさらに激動の時代になると言われている。もっとも、人類の意識変化に伴い、２０１２年に日本を襲う天変地異はないという見解もある。

しかし、そのために自然のエネルギーが蓄積される分、それ以降は巨大地震が起こり、大激動時代を迎えるという認識は一致するようである。もっとも巨大地震が来なくとも、大きな余震で福島第一原発４号機冷却プールが倒壊すれば、東京までもが大汚染地帯となる。

これらも含めて、今われわれは「サバイバル時代」に突入したと思われる。ただし、そのなかに「希望（あかり）」もある。その一つが自衛隊の存在であり、これからの自衛隊の役割でもある。

はたして、その「サバイバル時代」というものは、何を言うのであろうか。

また、そのなかにおける希望となる「自衛隊の役割」とはいかなるものなのか、私なりの観点から明らかにしたい。

ところで、友人であり霊能者の光明氏の「本業」は、手相師と言える。彼の手相見は、本当によくあたる。これまでに数千人の老若男女が爾後の人生に役立てている。

なぜ、当たるのだろうか？

それは手相学が何千年という実証例から成り立った「宇宙の法則」に基づく、「確率論」だからと言われている。

人は、この地球という3次元世界に肉体を持って何度も何度も生まれ変わり、愛と感謝と協調の体験を通じて霊性を高めている魂（霊体）である。この地球上での学びを終え、卒業して旅立つまで数限りない輪廻転生《りんねてんしょう》を繰り返す。今現在の家族、友人、同僚、隣人たちもその縁で「今・ここで」ともに人生劇場を歩んでいる。これを古《いにしえ》から日本では「袖振れ合うも多生の縁」と言ってきた。

今生を一時卒業した魂（霊体）は、この地球を取り囲むように宇宙に存在している。だからその波動を捉える装置や、能力がある人には、宇宙は生命体が溢れて見える。

そして再度地球に肉体を持って生まれるときに、神様（宇宙神・創造主・サムシングなどの呼び名がある。ここでは神様と表現）とのあいだで作成した今生で学ぶ（体験する）ための人生の「基本設計」を携えて生まれてくる。それをあらわしているのが手相なのである。つまり、手相とは神様と自分とで、50％ずつの責任でつくってきた「基本的」人生航路とも言える。

だから、その航路、つまり人生体験を変えたいと思えば、自由意思で変えることができる。手っ取り早い方法が、「自分の意志」で、手相に線を書き加えるのである。日々、思いを込めて書き込むと、不思議とそこが皺《しわ》となり、やがて手相に変わる。そして、人生も基本設計を超えて変わる。

つまり、「基本構造」（運命）があるものの、自分の「意識」で形から人生を変えることができる。もっとも、強い意志で人生が変われば、手相も変わる。ぜひ、自分で確認してほしい。

一方、世の中の構造は、すべてフラクタル構造、一部分の真実が全体の真実となっている。たとえば、最小レベルの原子構造である陽子の周りを電子が回る構造は、地球が太陽を回る構造と同じであり、太陽系が銀河を回る構造とも同じである。

手相の「基本線」を「意識」で変えて運命を変えるという構造は、実は地球とわれわれ人類との運命にも当てはまる。これがサバイバル期を乗り越えるポイントともなると思われる。

それには、まず地球を取り囲む現在の宇宙環境から述べたい。

昨年は10月28日にマヤ暦が終わったことから、アセンションとか、次元上昇とか騒がれた。その実態は何だったのだろうか。

1977年、米国NASAは相次いで、ボイジャー1号、2号を太陽系の進行方向に打ち上げた。当時の宇宙観測手段で、秒速約200キロメートルで太陽系が進む方向に、それまでのニュートン力学やアインシュタインの相対性理論では説明のつかない、無(真空)のはずの宇宙空間にエネルギー帯を感知したからである。ボイジャーの表向きの目的は「外惑星探検」であるが、実際はこの「フォトン(光子)」の偵察にあった。

1995年ついにその帯に到達し、光子など存在せず、それが「プラズマ帯」であることがわかった。また、宇宙はプラズマというエネルギーで満たされており、特に2011年の秋ごろからその高濃度帯に太陽系が突入することもわかった。

これ以降、NASA以上の研究機関、特に世界の王立アカデミーなどは、プラズマ物理学が宇宙の本当の姿を現わしていることがわかり、ニュートン・アインシュタイン相対性理論物理学から研究上のパラダイムシフトを行なった。

これが、マヤ暦が終わったという意味なのである。それを日本人に気づかせないためなのか、アセンションなどの言葉で大々的に喧伝《けんでん》されてきた。いまだに日本では最優秀の東大物理学でもニュートン・アインシュタイン相対性理論物理学が主流である。さらにニュートリノという光よりも速い宇宙を構成する基本的なエネルギー粒子が見つかった以上、すみやかに学問体系を変える必要があるにもかかわらず。

ニュートン・アインシュタイン相対性理論物理学をやっているかぎり、その究極のあだ花である原発の推進に陥らざるをえなくなる。これが現代科学の悲劇である。

さて、人間の細胞も原子の集合体である。脳ともなると、約140億個の脳神経細胞のネットワークが、一人の人間としての意識活動を行なう。さらに、その全人類の霊的なネットワークが地球の意思となり、惑星意思のネットワークが太陽の意思になっていると言える。

ここで波動の4原則の「①同じ波は引きあう、②違う波は反発する、③出した波は帰ってくる、④大きな波は小さな波をコントロールする」から言えることは、地球の意思も、高い意識の人々が増えるほどいい方向へ進むということである。この意味でも、日本人の一人一人の意識向上がポイントとなる。

このように見ていくと、銀河を旅する太陽系という「基本運命」のなかで、人類の「意識」が、その乗り物である地球号そのものの「文明という航路」を変えることができると思われる。個人の運命を、自らの意志で手相に線を加えて変えるように。

その人類の意識を変えるポイントが、人類の歴史上からも、日本人自らの意識向上であることはもうおわかりになったと思う。

こういう観点から、これからの地球号の「行く道」を考察してみたい。

地球の「基本運命」を告げる巨大地震の発生

そのためには、まず地球の「基本運命」を見てみよう。

太陽系の一つの惑星としての「基本運命」にしたがえば、地球は物理的には確かに厳しい状況に置かれていると言える。高濃度プラズマ帯内に入ったので、つねに太陽がエネルギーを受け活発化する。昨年よりも、今年の夏はさらに暑くなるということである。

実は2011年秋、巨大な雪のかたまりであるエリニン彗星が太平洋の東京近傍《きんぼう》に落下する恐《おそ》れがあった。落ちれば東京は津波で大きな被害を受ける。ところが、強い太陽フレアが、そのエリニン彗星を地球落下前にすべてとかしてしまったのである。太陽系が高濃度でプラズマ帯に完全に入ったこれからは、この太陽フレア、つまり太陽プラズマがさらに強まる。この10万度、動速300キロメートルのフレアから地球を守るにはその傘《かさ》である地球の磁場力を上げなくてはならない。上げるには地球の回転速度を上げるしかない。

昨年の東日本大地震による地球公転のわずかなズレを、地球が自転速度を上げてもとの軌道に復帰したように、地球生命体は、つねに地表面の環境を一定に保つために働いてくれている。それが磁場の強弱の調整である。

この自転速度のわずかな揺れが、マントルの上に浮かんでいるミカンの薄皮のような地球表面の地殻に膨大な運動エネルギーとなって作用する。

この地殻のなかで、造山運動をしているのは、カリフォルニアの一部と日本列島しかない。つまり、今、日本列島は、地殻大運動期に入ったのである。日本海溝を構築しているプレートの歪みが取れるまでこの活動が続く。本来は、東日本大震災に引き続き、東海・東南海・南海地震が起こるのが自然の成り行きであった。自然の成り行きにしたがっていればソフトランディングもできる。

ところがなぜか止まってしまった。止まった分だけ、エネルギーが蓄えられる。

私には、この間に、「次の大地震が来るまでに、フクシマのようにならないように、しっかり54基の原発を安全化しておきなさい」という地球からの愛情溢れる無言のメッセージと思える。

その次なる大地震である東海・東南海・南海・房総沖・東京直下型大地震、さらに富士山噴火がいつ起こるのか？

それは、過去の発生周期を見ても、いつ起こってもおかしくない。ただし、何らかの作用で数年ぐらいは遅れる可能性もある。もっとも遅れるだけ巨大化することだけは断言できる。

ここで重要なことは、いつ来てもいいように、それぞれのレベルで、その対策だけは万全を期しておいたほうがいいということである。備えあれば憂いなし。もう「想定外」はやめよう。地震と津波だけなら、日本は十分にリカバーしてきた。

いずれにせよ、日本では残念ながらどの研究機関も、プラズマ物理学をやっていないので、地震の予測はできない。アルメニアなどのアカデミーなどから適時情報をもらえるような関係づくりが重要かもしれない。

まさに、これも為政者らの意識改革が必要となる。この点、アルメニア国立科学アカデミーやスペイン王立薬学アカデミー、ロシア国立芸術アカデミーの正会員である五井野博士を国家として活用すべきであろう。

一つの参考として、古文献によれば、宝年4年（1707年）10月28日の東海・東南海・南海連動の地震であった宝永大地震では、大きな余震が続き、49日目に富士山が噴火した。現在の宝永火口である。津波の最高点は石垣島で82メートルであった。

しかし、この当時は、通常のプレートの歪みの回復であり、プラズマ帯に入っている今回は、この規模をはるかに超えるとみていいだろう。ちなみに、これまでの世界最大の津波は、特殊条件ではあるが、アラスカの525メートルである。

さらに、地殻変動の一環として、富士山などの火山の噴火が考えられる。

これについては、昨年出版の『原発と陰謀』（講談社刊）を参照してほしい。同書は、本来は引き続き起こるさまざまな災害に対する「防災マニュアル」として書いたものだが、出版社が付けたタイトルではそれは読みとれず、読者に敬遠されたようだ。

いずれにせよ、「基本運命」では天変地異が起こる。これがこれからのわれわれの生きるうえでの物理的「条件」である。

サバイバル時代には自己責任で命を守れ

次に、こういう「基本運命」そのものも変えうるわれわれの「意識」の現状を考察してみよう。

ネイティブアメリカンのホピ族の村には2本に枝分かれした道がある。上の道は行き止まり、下の道はどこまでも続く道。つまり「分岐点」で上を選べば民族の「滅亡」を、下を選べば「永久《とわ》の命」を象徴的に教えている。高い霊性を維持してきたホピ族の智慧と言える。もっとも、そのホピ族も先祖を遡《さかのぼ》れば、日本の縄文文明に起源を発している。

ところで、今われわれの意識は、どちらの道を歩んでいるのだろうか？

「分岐点」は、間違いなく昨年の「3・11フクシマ」であった。その後、意識レベルでわれわれ日本人は永久に続く命の道に入ったのだろうか。それとも滅亡の道に入ったのであろうか。あるいは、まだ引き返すことができるのだろうか？

その判断のために、3・11以降に、被災者日本人が自ら選択した象徴的な原発関連ニュースを二つ取り上げたい。

一つは、北海道知事高橋はるみ氏の泊《とまり》原発運転再開容認である。

その泊には一つの哀しい物語がある。

泊出身の素敵な女性が東京で素晴らしい男性とめぐり逢い婚約。人生の幸せの最高潮のとき、未来の旦那様のご両親からある日呼び出された。そして、「婚約を解消してほしい……」との突然の申し入れ。ビックリして、なぜ？　と聞くと、「貴女は素晴らしい女性だけど、私たちは哀しい孫を見たくないの……」。つまりご両親は、放射能で遺伝子が傷つき、奇形児が生まれることを心配したのである。

この意味は、私はよくわかる。平成6年（1994年）の第1次北朝鮮危機のときに、警察からの要望で自衛官として唯一「勉強会」に参加。特に北朝鮮コマンドの原発攻撃に対処するために、実際に敦賀や玄海の原発の現地調査に行った。そして安全なはずの原発の実態を見て愕然《がくぜん》とした。

原発は運転を開始すると、１００万キロワット級1基の核燃料を毎秒70トンの水で常時冷却しなければならない。「使用済み」核燃料の冷却期間は50年。そのための海水取り込み用モーターの電源を切ると、「メルトダウン」が始まることがわかった。もちろん、これは1基あたり毎秒70トンの汚水を垂れ流していることも意味する。

また原発というのは、原子炉という大きなやかんで水を沸騰させ、その力でタービンを回して発電しているにすぎない。その装置が複雑、巨大な分、熱湯が流れるパイプが長大になる。つまり、原発1基で約80キロメートルというパイプのお化けである。高圧の熱水となるため、2センチの肉厚のパイプも20年で摩耗し、穴が開く。しかも運転を開始すると、炉から燃料棒を抜いていても炉自体の高放射能化で、点検もできない場所がある。つまり、老朽化とともに必ず放射能が漏れる。本来原子力潜水艦のエンジンであった原発は、間違っても地震の多発する日本列島に置いてはならなかったのである。3・11フクシマも震度6弱の地震でそのパイプが破損し、ここからも「メルトダウン」が始まったのである。

ここで、『マインドコントロール2』では編集段階で削除された、当初書いていたプロローグを載せたい。原発の現状がよくわかると思う。

プロローグ

201X年X月X日　昼前　敦賀原子力発電所正門

「ご苦労さまです」

白の車体に青く「弁当屋つるが」の横文字を入れたワンボックスカーが、弁当を運んで入る。運転する弁当屋のおやじさんには20年近くお世話になっている。

ダッシュボードに置かれた入門許可書のステッカーをチラッと確認して、若い保安要員は荷台を覗《のぞ》こうともしないで、いつものように通した。もし彼が本来の保安任務に基づき、荷台をキチンと確認していたら、山積みされた弁当の陰に息をつめて潜んでいた日本原子力発電の作業服を着た屈強な工作員二人を発見し、その後の日本を壊滅に導いた惨状も防げたかもしれない……。

「弁当屋つるが」がいつものとおり、コントロール室のある建屋などに弁当を配るあいだに、発電所の職員になりすました工作員二人が、原子炉冷却用に海水をくみ上げるモーターの置かれた建屋に疑われることなく侵入、ニッパーなどありふれた工具でモーターを動かすためのあらゆる電線などを修復不能なるまで破壊するのにそんなに時間はかからなかった。

しかも建屋を出るときには、次に建物のなかに入ろうとする職員を天国まで吹き飛ばすための仕掛け手りゅう弾の置き土産まで置いて……。

彼らは、この日のために、オウムを使ったハルマゲドンが事前発覚で失敗した以降20年近く、この敦賀原発を「通常手段」で暴走させるためだけの攻撃要領を訓練してきた北朝鮮特殊軍のエリート工作員である。

破壊工作が露見したときには、胸のフォルダーに隠し持った拳銃で抵抗する職員らを殺害しながらコントロール室に突入し、C-4爆破薬で制御機を破壊、最終的に彼らも体に巻きつけたダイナマイトともども爆死する「B作戦」に移行する計画であったが、その必要はなかった。

建屋の陰で彼らを拾った「弁当屋つるが」は、何ごともなかったように、「お疲れ様です」といつものおやじさんの愛想笑いを残して正門を過ぎ去った。

その後、彼らが市内の店に帰ることはなかった。彼らは原発を出ると、敦賀港に直行、そのまま漁船に乗り込んで、急ぎ北の海を目指した。

おやじさんは、「草」と呼ばれる在日滞在型工作員であった。日本人の他人になりすまし、日本女性と結婚、子どもまでもうけていた。20年近くの草としての任務を終了しての祖国凱旋《がいせん》となる。

もっとも敦賀原発が突然に暴走、メルトダウンを起こし、チェルノブイリの数千倍の死の灰を撒き散らし、大阪から東京までの中部日本が人の住めない放射線被曝地帯となり、特に「爆心」に近い敦賀半島は、ほぼ1万年以上も動物の生息困難な高濃度汚染地帯になってからは、救助隊員も入っておらず、おやじさんは家族ともども店で亡くなったことになってはいるが……。

201X年Y月Y日
スイス南アルプス古城地下・イルミナティ秘密最高司令部
長　老「新たな千年王国誕生に乾杯！」
貴族A「それにしてもみごとなタイミングでしたな。敦賀原発だけで壊滅できると思っていましたが、同時に東海地震で浜岡原発も暴走させるとは」
長　老「いや、東海には地震兵器は使ってない。まさに日本国民の総念のなせる技だ」
貴族A「日本人の総意識が地震を起こした……」
長　老「そうだ、自業自得だ。奴らも介入できなかったな」

貴族Ａ「奴ら？……惑星連合……」
長　老「ここ最近、奴らは不干渉の密約をないがしろにして、核ミサイルを無力化したり、第３次世界大戦への工作を無効化してきている。だから太陽系がプラズマ帯に完全に入る前に急ぎ、民族間紛争の一環として原始的手段で敦賀をやったのだ」
貴族Ｂ「なるほど。奴らの超高度宇宙文明をしても、地球人の民族間闘争には、介入できない……」
貴族Ａ「それに、米軍占領以降の『日本人総痴呆化』作戦もきわめて順調だった。日本人がメディア洗脳にあれだけ脆弱《ぜいじゃく》だったとは予想外でした」
貴族Ｂ「民族の集合意識が、民族の現実をつくる……宇宙の摂理ですな」
長　老「いずれにせよ、日本のどこに地震が起きても、いずれかの原発が暴発するようにずっと配置してきたからな」
貴族Ｃ「沖縄に緊急避難したポダムから、彼ら全員の救出要請がきております」
長　老「馬鹿な奴らだ。祖国を裏切ってわれわれの手先となり、自らの国を滅ぼし、本当にわれわれの仲間入りができるとまだ信じている。ピエロの役割は終わった。穢わらしい！　すみやかに全員抹殺せよ！」

貴族A「これで残った九州、北海道は米軍の永久信託統治となりますな」
長　老「そうだ。ルシファーのもとでの世界統一を目指してきたが、最大の障害であった神の国・日本民族がやっと滅んだ。もうわれわれを邪魔できるものは何もない。これで中国や北朝鮮の役割も終わった。すみやかに米軍にプラズマ兵器で制圧させよう」

……………。

津波は、「想定外」という自己責任回避のまやかし言葉とともに、引き続き原発を推進するために、為政者たちによって犯人にでっちあげられたのである。

列島の豊かな自然は、地震と台風の賜物でもある。

なぜなら地震は、つねに新しい「土」を造成するときの陣痛だからである。この新しい、種を手植えできるまで柔らかい土に、台風などの豊穣な水が加わり土壌中の微生物を豊かにして、いにしえより照葉樹林や四季折々豊かな作物をつくることができてきた。この微生物豊かな基盤があったから、世界唯一の自然と共生する土の縄文文明が発達したのである。日本では、こういう列島の特性である地震と台風と折り合いをつけて共生してきたのである。それが日本人のもののあわれなどの深い情緒を培《つちか》ってきたのである。

このように津波を犯人に仕立てあげるところにも、地震と台風を人と対置し、抑え込もうとする明治維新以降の西欧型思考が見られる。津波などの自然を、「征服」するものという意識が入っている。ウラン235を自然の摂理に反して分裂させることは、その究極である。

ちなみに大きな永久磁石である地球が右回転してできる磁場内であれば、どこでも自由にエネルギーは得られる。永久に続く道を選んでいるならば、これらの、世界金融支配体制に封じ込められていた自然の摂理の本物技術が、これからどんどん表に出てくるであろう。エネルギーのパラダイムシフトとなる。

要するに、津波原因説は典型的なマインドコントロールである。地震直後に、実はフクシマの全職員がバスで一時避難している。彼らは、「実態」を熟知していたのである。そういう原発の「真実」がこれまでいっさい、国民にも、ましてや地元住民にも知らされてこなかったのである。

もっとも現地記者も地震直後から東京に引きあげている。彼らは、内閣記者クラブで入手したスピーディな本当の情報を自分たちの命のためにだけ使い、住民には隠して被曝させたのである。しかもまだ間に合う3月14日の時点で、そのスピーディな情報を文部科学省から米軍には提供している事実も判明した。国民、住民を見捨て、裏切っての作為である。世界の常識なら、これらは「刑事事件」として、特捜刑事部がキチンと捜査し、訴えるべきものである。

しかも、メルトダウンを知っていたにもかかわらず、「安全です」「放射能汚染はありません」と公的メディアで「連呼」していた為政者、学者たちもいまだ何らお咎《とが》めを受けていない。

かつてある先進国の情報機関が、「日本はテロリストグループが国政を握っている」と評していたが、いままさにそれが真実であったことが見えたわけである。意識を変え、向上するには、まずこの現実に目覚めることである。

農作物の被害の犯人が原発だと明確なのに、東電や、米国GEへのまともな損害賠償請求さえせず、風評と責任を回避して、被害者の泣き寝入りを決め込んでいる。

現体制の為政者たちは、国民を守ってくれないことが3・11フクシマでよくわかった。命を賭して国民を守ってくれるのは自衛隊だけ。その自衛隊とともに、自己責任で生命と健康を守ること。これがサバイバル時代を迎えて生きるうえで、まず考慮しなくてはならない日本の現状である。

ただし、真実を住民、国民に伝えなくとも原発のトラブルは存在するかぎり続いてきた。

そのつど地元では、「住民説明会」が行なわれた。

その日の泊でもちょっとしたトラブルの説明会が行なわれ、北電側が一方的に安全だと説明。これまでどおりシャンシャンで終わるはずであった。莫大なお金で良心を売っている大人たちには、反論する意志もない。

しかしこのときは、上記の婚約破棄の悲話が村に届いていた。現代では、真実は女性の口コミ情報で迅速に流れ広まる。このため、このときの会合には、後ろに村の女子中学生・高校生が呼ばれるともなく集まっていた。

その子どもたちが説明会終了後、「お父さん、お母さん、なんでこんなモノ、村につくったの！」「私たち幸せな結婚できるの？　子ども生めるの！」と口々に叫んだ。この子どもたちの魂からの叫びに、大人は誰も答えることができなかったという……。

利権があるかぎり原発建設は止まらない

高橋はるみ北海道知事など日本の政治家は、私のいうグループ分けの③に入る。政治家、官僚、メディアなど、日本の権力者グループである。彼らは、選挙や公では、「住民のため」「国民のため」と言うが、実際は彼らの「スポンサー」、「自己の利益」のために活動する。

高橋北海道知事のスポンサーは北電取締役である。今回の泊運転再開容認決定も、住民の命・健康よりも、北電の利益のために働いたわけである。

こういう観点からも為政者たちの意識は低いと言える。


もう一つは建設中の瀬戸内海・上関《かみのせき》原発問題である。

もし、これが稼働すると、1秒70トンの、吸水時より7度上がった温水高濃度塩素等汚染「海流」が、常時永遠に、4キロ先の海洋生物多様海域のある祝島《いわいしま》を直撃してしまう。祝島ばかりか、内海のような瀬戸内海も時間とともに汚染される。そうでなくとも豊後《ぶんご》水道には、プルサーマルMOX燃料を使った伊方原発がすでに稼働している。間近の海のなかには、日本でもっとも危険と言われる活断層があることもわかっている。南海地震で、伊方もフクシマ状態になるとすでに見積もられている。

こういう状況のなかで、3・11フクシマ直後に上関町では町長選挙が行なわれ、なんと推進派が勝利した。その理由が「明快」である。「原発の補助金もらわんと、町はやっていけない」。

原発を受け容れると固定資産税や中国電力による多大な寄付金で年数十億円の収入が入る。もっとも固定資産税は公共施設の建設にしか使えず、しかも期間限定。立派な施設の人件費などの維持費は町の負担となり、やがて財政破綻となる。すると、「もう1基」が繰り返されることになる。これを「原発麻薬」という。フクシマの双葉町など、福島県で最悪の財政赤字であった。いずれにせよ、お金のために、④の人たちの良心が売られ、「自然」と「健康」そして「未来の命」が失われていくわけである。

3・11フクシマ以降の放射能汚染問題一つとっても、政府は国民に真実を知らせず、自分たちの「利権」守りに汲々《きゅうきゅう》としている。推定、2500トンの放射性核燃料は、人間の手では動かせない。しかも爆発して飛散した1~4号機には、検査でさえ立ち入ることができない。万一触れれば、高濃度被曝で確実死する。

理論的には、故障した原子力潜水艦のように、フクシマすべてを太平洋の海底に沈め、大洋の力で冷却・密封するほか、現状では手段がないのが現実であろう。いずれにせよ、鉄腕アトムのような人間の代わりに精密な作業をするロボットができあがり、封じ込め作業が完了するまで、水をかけ続けることによって冷却するしかない。それは、つねに空気中への放射性物質の放出と、太平洋への高濃度放射能汚染水の垂れ流しを続けるということである。海水汚染はもう東京湾まで来ている。

さて、通常の廃止原子炉の解体でも30年以上を要する。フクシマのように、核燃料がメルトダウンし爆発飛散した後始末を、現代地球文明では行なったことがない。はたしてどのくらいで止めることができるのか。現状では、そのようなロボットが完成する時期よりも、次の地震、津波の来る確率のほうが高いであろう。まさに、フクシマだけでもサバイバル時代に突入している。

にもかかわらず、もっと安全な原発をベトナムで売る……と菅直人前首相自ら宣言していた。国民の命を無視して、いや、地球文明の未来さえ奪って、まだ党利党略、エゴ、そして利権で生きている。この国に未来はあるのだろうか、と考えてしまう。

ここで、利権とはどういうものかを紹介したい。

たとえば、ある外国企業が、体内の放射能を排除する優れたキレート剤を持ってきたとする。すると、この分野の担当大臣らが対応して、「俺がこれの利権を持つことになった。お前がそれを認めるなら、これを日本で使ってもいい」と対応する。

その利権が1%とすると、日本で年100億円売り上げがあれば、その政治家のところに未来永劫、毎年1億円入る計算になる。これが「利権」の意味なのである。こういう資金があれば、代々政治家としてやっていけるだろう。

原発、医療、ゼネコン、石油、農産物等々、日本にはどれだけの「利権」があるのか、④の普通のわれわれには想像もつかない。

ただハッキリしているのは、日本でこの利権ができたのは、明治維新以降、為政者たちが江戸時代の誠実で人情溢れる社会構造を壊して、エゴの資本主義を導入してからだということだけはハッキリわかっている。

私が、人情溢れる江戸社会に学ぼう、本来の日本に帰ろうという意味はこういう意味もある。

たとえば医療。かつての江戸の医療は未病が原則。もし、担当区域で病人を出したら、未熟さを恥じ、医者が夜明け前に去ったという逸話さえ残っている。現在の医療は、いかに投薬患者、入院患者を増やすかというエゴ的「経営」に陥っている。

このように、さまざま見てくると、どう考えても今の日本の為政者たちの行動、すなわち「意識」は、「滅びの道」まっしぐらである。

下からの意識改革が命運を決める

一方、希望もある。ドイツや北欧では、自然と共生する国づくりがかなり進んできている。電気自動車、充電スタンドなども普及し、河川の堤防などもコンクリートから工学的に進んだ自然堤防に替えている。国民一人一人の人間的な意識も高い。ゴッホの紹介した人情溢れる江戸の町の再現である。

明治維新そして戦後のＧＨＱ施策で失われたヤマトごころが、ドイツや北欧で生まれ変わっていると言える。

さらに『マインドコントロール２』でも紹介した五井野正博士が、未来型新素材のナノテクノロジー分野で、「ナノホーン」の大量生産に世界ではじめて成功した。携帯電話が形状を変えてブレスレットになったり、飛行機の機体が透明になって景色が見えたり、まさにＳＦの世界が実現する。ノキアとエアバスでは、すでにＹｏｕＴｕｂｅで世界に情報発信している。

実はこのように情報が拡散すると、「彼ら」はもう阻止できなくなる。

ここに、下からの意識革命成就の秘訣がある。ぜひ、本当の情報を口コミで伝えてほしい。

そのためにも、ぜひ次の映像を見てほしい。

ノキア　http://www.youtube.com/watch?v=IX-gTobCJHs
エアバス　http://www.youtube.com/watch?v=uLANvnpvYwM
実は、このナノホーンをドイツの世界大会で発表するときに、日本の経産省は妨害さえしようとした。五井野博士の開発した自然生薬ＧＯＰ（五井野プロシジャー）がチェルノブイリの白血病の子どもを治癒し、米国やロシアでは特許が認められているにもかかわらず、日本ではいっさい情報さえ封鎖されているのと同じである。日本の医薬市場10兆円と言われる既得権益と同じように、利権擁護のためであろうか。

ちなみに、平成24年（2012年）2月15日～17日に、東京ビッグサイトで「nanotech 2012 第11回 国際ナノテクノロジー総合展・技術会議」が行なわれ、五井野博士のナノホーンの展示も行なわれた。

情報が一気に拡散すると、もう、彼らも止めることはできない。特に、ドイツではこれから国を挙げてこのナノホーン素材での国づくりに入ろうとしている。

日本こそ、その歴史的役割を考えた場合、このような情報拡散による意識向上、意識革命が必要ではないだろうか。

ところで、2011年12月17日、金正日が死去した。思い出すのは、1994年、金日成の死去半年後に阪神・淡路大震災、その2カ月後に地下鉄サリン事件が起こったことである。

順番が違うとはいえ、東日本大震災の9カ月後の金正日の死。近々日本にまた大災害が起こるのでは……と危惧しているのは私だけであろうか。

というのは、このように、TVや新聞情報だけを見るかぎり、分岐点後、間違いなく破滅への道に日本は入ったと判断せざるをえないからである。

フクシマの放射能問題一つ片づいていないのに、枝野幸男経産大臣など、初期対処で多くの住民を自らの意志で被曝させながら、「フクシマのような事故が再発することを視野に入れて引き続き原発を推進する」と明言している。まさに、世界金融支配体制のための忠犬ポチ公を演じている。

一方、主要メディアにはいっさい報道されないが、船井幸雄会長の主宰する「にんげんクラブ」のさまざまな「有意の人」や五井野博士の「勉強会」の会員らを通じて、下から真実を広める運動が大きく拡がってきている。

私も全国で講演するうちに、特に子どもの未来を案ずるお母さんたちの意識が高まっていることを実感している。女性・口コミが百匹目の猿現象の原動力になっている。これからは、この「下からの情報拡散」が、マスメディアなどの上からのマインドコントロールをいかに無効化し、日本人の意識をどこまで変えうるかがポイントとなる。

実は、昨年9~10月にかけて、雪の塊である巨大彗星エリニンが日本近海に落下し、その津波で東京のかなりの部分が水没するという予報があった。しかし太陽フレアがそれを溶かして救ってくれたことを前に述べた。

人間の霊性ネットワークが地球・ガイアの意思であるならば、惑星のネットワークが太陽の意思と言える。3・11フクシマ以降の世界を感動させた「思いやり」「ゆずり合い」の日本人の行動に触発された下からの人間の意識向上が、エリニンを消滅させたと私は考えている。

以上を総合的に見ると、日本は3・11フクシマの分岐点以降、「為政者」たちは相変わらず「滅びの道」を突き進んでいるものの、「有意な人」の下からの意識向上で、まだ「引き返せる位置」、「やり直せる位置」にあると判断している。

2011年末12月23日には、ヒマラヤ聖者のヨグマダジとパイロット・ババジの2人が、都内で瞑想《めいそう》ワークショップと、希望者には秘法のデクシャを特別に伝授するセミナーが行なわれた。通常ヒマラヤ聖者が俗世界で活動することはありえない。しかも聖者のなかでも最高峰の彼ら2人は、特別に命じられて活動している。このようなことはインド5000年の歴史でもはじめてのことなのである。

私には、この緊急事態のなかで、目覚める人を1人でも救おうと、聖者たちができうるかぎりの愛と慈悲とチャンスを与えてくださっているように感じた。

こうして人類の歴史、宇宙の構造と太陽系の活動、現在のわれわれの意識などを総合的に見た場合、16世紀以降始まった「エゴ」に基づく、西欧人による世界の植民地化による世界制覇がいよいよ「終末点」を迎えていると言える。

それは、「現代資本主義の終焉」でもあり、見方を変えれば、われわれの意識しだいで、世界金融支配体制による金融支配からの「解放のチャンス」になると思われる。

考えてほしい。「お金」は、相応の「もの」を買うための一手段であり、応分の労働の対価でもあった。それが独り歩きを始め、お金がお金を産む制度ができ、ついに金融派生商品までできてしまった。とどまることのない実体なき増殖は、まるでガン細胞と同じく、親である実体経済そのものを壊している。

資本主義の総本山米国では、もっとも優秀な大学生の1番人気の職業がトレーダーということもあった。まさに、人生と「お金」が同義語となっていた。今だけ、自分だけ、お金だけのエゴ的生き方に陥っている。特に、これまで見てきた歴史上の経緯もあり、米国の現代版植民地といえる日本でも、この風潮がはびこってきた。

それは、人がこの地球に生まれる本来の目的である「愛と感謝と協調の体験」とは、まったく相反する。地球生命体から見ても、環境破壊の元凶と映るだろう。これは、これまで見てきたように、本来の日本人との生き方とはまったく逆であった。

いずれにせよ、

①エゴが行く着くところまで行って滅びるのか、

②本来の宇宙の摂理に則った自然と共生した思いやりと愛情溢れる、より高度な文明社会への方向に進むのか、

人類そのものも大きな「転換点」を迎えつつある。

思いやり、助け合いの国づくりで「パラダイス」を築く

この流れから言えば、そもそも資本主義、植民地主義の出発点であったEUが経済破綻にまず陥るのは、当然と言えば当然の帰結かもしれない。出した波は帰ってくる法則のとおりである。

そして、本来は西方遊牧民であったにもかかわらず実体なき漢民族が建国したという「嘘」で始まり、ニセ物で固まり、拝金主義的エゴの極致の現中国がバルブ崩壊するのも時間の問題である。

また、やがては世界金融支配体制が宿っている米ドル帝国が、裏づけなき世界共通貨幣としての役割を終え金融崩壊するであろう。そして紆余曲折《うよきょくせつ》を経て、本来の実体経済に

復帰すると思われる。ただし、現在の支配者たちが、その最後のあがきとして、これまで使った手段である「2者対立構図」の戦争による現行経済の再生を図る可能性もある。

そのため、イラク戦争を引き金とした大々的な中東戦争を意図するかもしれない。さらに最悪の事態を考えれば、中国と米国の2者対立を利用した核戦争による人類の一挙の「削減」を図るかもしれない。

このような「万一」のときに、単純に国家レベルのイスラエル・アラブ対立や米・中対立と捉えてしまうと、日本も同じ穴の狢《むじな》で、やらなくてもいい戦争に巻き込まれる恐れがある。その「2者対立構造」の奥の真の支配者に踊らされないことである。それが大東亜戦争も含めての歴史の教訓である。

これらをまとめると、シナリオとしては、エゴ的資本主義の崩壊。つまり、EUの経済破綻、中国のバブル崩壊、米国ドル破綻。これらと連動する中東戦争。最悪の場合の中国と米国による世界戦争……。

これに、東海・東南海・南海連動の巨大地震、東京直下型地震、富士山噴火などが日本を襲うことになる。

「経済破綻」に「戦争」と「天変地異」、まさにサバイバル時代となる。

ここでもっとも大事なことは、絶対に日本は戦争に巻き込まれてはならないということである。そのためには、隙《すき》をつくらないこと。蟻の一穴の教訓である。

たとえば仮に、尖閣を占領されるような恐れがある場合には、自衛隊を迅速に派遣して侵略に先んじて「防御態勢」をとること。また、それだけの「移動、防空、兵站等の能力」を自衛隊にあらかじめ与えておくことである。島嶼《とうしょ》防衛は、先制派遣、防御態勢確立が最上の策である。

さらに、万一不法占領されても、ただちに排除するだけの自衛隊の「投射能力」と国民の強い独立「意志」を持つことである。

特に、これからの自衛隊に求められるのは、「独自」でも「専守防衛」できる「実力」と「意志」を持つことである。

それに応じて、列島から米国占領軍に撤退（帰国）してもらうことである。必要なら国際標準価格の有料で第7艦隊に港を使用させればいい。

思えば、日本は記録に残っている大和王朝以降、戦後の米軍に占領されるまで、この列島を自国の軍だけで守り抜いてきたのである。幕末から明治維新のもっとも危険と思われたときも、独自で守り抜いてきた。戦後の「できない」というマインドコントロールからそろそろ解放されるときである。自衛隊にはその能力がある。

列島を東西から見た戦略価値を説明したが、まさに「緊要地形」であり、エゴ的な黒い米国資本主義と赤い中国資本主義に使われないようしっかり「独立心」を持つことである。この際、その任務を遂行する自衛隊を、いかに「国民が支える」かがポイントである。この点、永世中立を維持してきた武装国家・スイスを見習うときかもしれない。ドイツの再生もまた参考になるだろう。

さらに、中国のバルブ崩壊に伴う国家分裂のなかで、100万人単位の「大量の難民」が西日本の海岸に押し寄せる可能性がある。難民のなかには、兵士らの武器を持っている武装難民も混在しているだろう。これらに適切に対処して、国の安全と国民の生命・財産を守ることも自衛隊の重要な任務となるであろう。

とはいえ、現在の日本は、完全に米国の世界金融支配体制に組み込まれている。イラクの国際貢献も、アメリカの傘下で行なっている。

ただし、派遣された自衛隊が一枚上であった。彼らは、武士道精神で誠心誠意、イラク住民のために活動した。他の諸国の軍隊が自国の利益を優先するのと対照的で、その誠実さにイラク国民も感動した。派遣後、日本武道館で行なわれた全自衛隊空手道大会に、そのときのイラク軍人たちがお礼の演武に来てくれた。このような信頼関係ができたのは、多くの多国籍軍のなかで自衛隊だけである。年々自衛隊の国際貢献が増加してきたが、一人の犠牲者も出していないのは、世界的にもきわめて珍しい。それは、このような現地の人々と一体感を持つヤマトごころと、誠で尽くす武士道精神を体現している自衛隊だからである。他国もこの「日本型ＰＫＯ」を学ぶようになってきている。

ここにひとつの国家戦略が考えられる。

これからも現在の資本主義体制が終わるまでは、米国傘下の経済大国として、国際貢献を求められることがあるだろう。それには、日本の国益に鑑《かんが》み、積極的に派遣する。誠実な自衛隊の活動が、その国との個別の信頼関係を築くだろう。戦前の日本の統治を経験したパラオ共和国のように、永久の親日国家になることもありうる。それこそ重要な国益である。

やがて世界的な資本主義経済の破綻から、戦争時代に突入するかもしれない。いまのような為政者たちの属国体質なら否応なく日本も巻き込まれる恐れがある。

ところがここに「天恵」がある。

３・11フクシマ、そしてこれから起こる東海・東南海・南海・東京直下型地震である。これから引き起こされる巨大津波被害への災害派遣に、文字どおり最小限の領海・領空警戒を除き全自衛隊が対処することになる。

そこで、この日本最大の国難「災害派遣」を理由に、いっさいのエゴ経済・戦争から離脱、隔絶するのである。ピンチはチャンス。要するに、江戸時代の鎖国のような「防災鎖国」である。ドル・米国債もいっさい購入しない。現在所有しているものは逆に資金として活用する。この鎖国政策をするうちに、エゴ国同士は醜い争いが強いほど、２度と立ち直れなくなるほどの痛手を被っているだろう。もちろん、彼らの国々も大なり小なりの地殻変動の影響を受ける。

ハッキリ言えることは、日本はこれまで記録に残っている時代だけでも、すでに何度も東海・東南海・南海地震などを体験してきている。それでも、列島も日本民族も滅びていない。津波も最大でも海岸から10キロメートルも届かない。東日本大震災でも最大到達地点は約６キロであった。

であるならば、その被災地域の人々すべてを、被害の受けなかった地域の日本人全員で、「おもてなし」の精神で、何年、何十年でも養ってあげていいではないか。お金などいっさいもらう必要もない。そのときには世界的な金融経済も崩壊し、これまでの貨幣も価値がなくなる。いくら電子マネーを貯めこんでいても、使用不能な無価値なものになるだろう。そして本来の実体経済に立ち戻るに違いない。

かつての江戸時代の日本人は、災害時だけでなく、困っている人がいれば、ずっとおもてなし精神で支援してきた。大震災や大火事のときは、幕府や藩など上から、材木や米などを無償支援してきた。

現在でも、フクシマから避難している人々を、ぜひこのおもてなし精神でいつまでも支援してほしい。人が生きている目的は、愛と感謝と協調を通じた霊性・人格の向上。無私の被災者支援こそ、相互のその体験そのものである。

そのような思いやり、助け合いの国づくりを、自衛隊が災害派遣を中心に行なっているのを体現してみせたとき、エゴの戦いに疲れ、文字どおり廃墟となった国々の生き残った人たちにとって、防災鎖国国家・日本が、この世の「パラダイス」に見えるだろう。かつて幕末に日本を訪れた西欧人が、江戸社会を見たように。

そこから、人類の「右脳」が拓《ひら》け、新たな高度の文明への再出発になるかもしれない。それこそ、究極の第2の「ヤパン・インプレッション」(日本版画派。福沢諭吉が印象派と意図的に訳す)による人類の意識覚醒への道、ターニングポイントになるだろう。

これこそ、究極の日本民族による全世界への国際貢献である。

本来なら、この防災鎖国を3・11フクシマで行なえばよかったかもしれないが、為政者たちにその独立心も指導力もないことが明白となった。

それゆえ、次なる災害が来るのであろう。

日本人が、本来の歴史と役割に目覚めるまで……。

でも、大丈夫。

そのための自衛隊の存在と役割、行動が、日本人の心に熱き「希望《ひかり》」を灯《とも》すことだろう……。

おわりに

～自衛隊を善用することの意義

日本人の意識向上は、何も災害を待たなくてもできる。

ヤマトごころと武士道精神を体現している自衛隊をふだんから活用することだ。

たとえば、学校の道徳のような時間に、災害派遣や国際貢献してきた自衛官を「先生」として活用すればいい。

平成24年（2012年）から中学校では武道教育が必修化される。心身ともに健全な日本人の育成が急務となっているのだ。

そういう意味でも、命を賭して「ヤマトごころ」と「まごころの武士道精神」を体現してきた自衛官の、実体験に基づく印象教育にまさるものはないだろう。

あるいは、地元の若者や大学生と自衛官との交流の場を設ければいい。

私が北部方面隊の広報室長のとき、北海道の有志の方々が「N・ブリーズ」という協力団体を立ち上げた。

目的は、これからの日本を担う大学生ら若者たちへの、自衛官を活用した人間教育である。日程は1泊2日。キャンプを含む体験入隊セミナーである。

ただし、2日目には、隊付き教育中の防大生らとの対談（討論）の時間も持った。

つまり、「国民教育としての自衛隊の活用」である。

わずか2日間だが、若者の意識が大きく変わり、このセミナー後、自衛官を職業に選んだ者も多い。

ぜひ、全国の市町村で活用してほしい。未来の日本、世界のために。

さて、最後に、重ねて強調したい。

3・11フクシマから1年が過ぎた。もう待ったなしのサバイバル時代に入った。平時、有事を問わず、日本人の歴史的役割に基づく意識向上が、地球社会を救う。

実は、高濃度プラズマ帯に入ったということは、ニュートリノなどその高まるエネルギーを意識的に活用すれば、大いに進化できるということでもある。


ピンチはチャンス！

ぜひとも、日本人の意識向上で「大難を小難に」変えようではないか。

著者略歴

池田整治（いけだ・せいじ）

作家。1955年愛媛県愛南町生まれ。防衛大学校国際関係論卒業。陸上自衛隊入隊。小平学校人事教育部長、陸上自衛隊陸将補を定年前に退官。1990年代半ばの第一次北朝鮮危機における警察との勉強会、それに続くオウム真理教が山梨県上九一色村に作ったサティアンへの強制捜査に自衛官として唯一人同行支援した体験等から、世の中の「本当の情勢」を独自に研究。著書に『心の旅路』（新日本文芸協会）、『マインドコントロール』『マインドコントロール２』（ともにビジネス社）、『転生会議』（共著・ビジネス社）、『原発と陰謀』（講談社）、『超マインドコントロール』（マガジンハウス）がある。空手道七段。全日本実業団空手道連盟理事長、東藝術倶楽部顧問、美し国副代表などを務めている。
公式ホームページhttp://ikedaseiji.info/

マインドコントロールX《エックス》

2012年３月11日　第１刷発行

著　者　池田 整治
発行者　唐津 隆
発行所　株式会社ビジネス社
〒162－0815　東京都 新宿区筑土八幡町 5－12 相川ビル2階
電話　03(5227)1602(代表)
http://www.business-sha.co.jp

カバーデザイン／大谷 昌稔（パワーハウス）
組版／茂呂田 剛（エムアンドケイ）
印刷・製本／大日本印刷株式会社
＜編集担当＞本田 朋子　　＜営業担当＞山口 健志

ISBN978－4－8284－1661－8